Pardeep Kumar
Himanshu Kumar
Harpreet Kaur

Instructions Allen Bradley (PLC)

Pardeep Kumar
Himanshu Kumar
Harpreet Kaur

Instructions Allen Bradley (PLC)

ScienciaScripts

Imprint

Any brand names and product names mentioned in this book are subject to trademark, brand or patent protection and are trademarks or registered trademarks of their respective holders. The use of brand names, product names, common names, trade names, product descriptions etc. even without a particular marking in this work is in no way to be construed to mean that such names may be regarded as unrestricted in respect of trademark and brand protection legislation and could thus be used by anyone.

Cover image: www.ingimage.com

This book is a translation from the original published under ISBN 978-620-2-79436-7.

Publisher:
Sciencia Scripts
is a trademark of
Dodo Books Indian Ocean Ltd., member of the OmniScriptum S.R.L Publishing group
str. A.Russo 15, of. 61, Chisinau-2068, Republic of Moldova Europe
Printed at: see last page
ISBN: 978-620-2-70659-9

Allen BradleyInstructions (PLC)

Pardeep Kumar1, Himanshu2,Harpreet Kaur3

[1,2]B.E.EE. Etudiant, Université de Chandigarh,

[3]Professeur, EED Université de Chandigarh,

pardeepnain1111@gmail.com1

him3236@gmail.com2

harpreetchanni@yahoo.in3

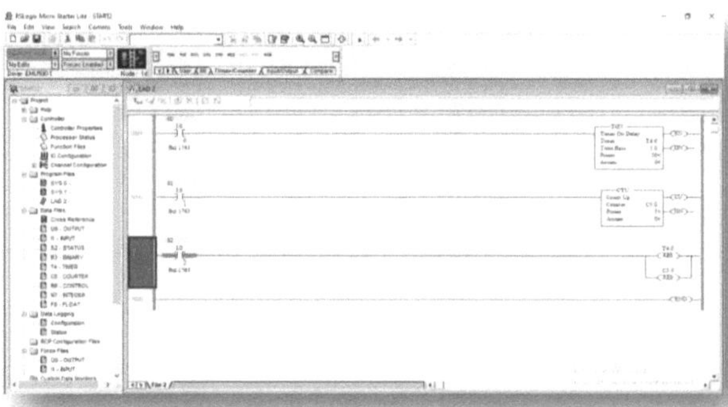

Contenu

Introduction du PLC

Dès le début de l'utilisation des machines dans l'industrie, la demande de contrôle et d'automatisation des machines augmente de jour en jour et exige des systèmes plus complexes. Auparavant, les machines étaient commandées par des moyens mécaniques utilisant des cames, des engrenages, des leviers et d'autres dispositifs mécaniques de base. Ces systèmes de commande mécaniques étaient très usés et nécessitaient une grande puissance pour fonctionner. Il n'était pas possible de concevoir des systèmes de contrôle complexes et de grande taille à l'aide de systèmes mécaniques. Les systèmes de contrôle mécaniques occupent beaucoup d'espace et il est très difficile et coûteux de modifier le processus de contrôle si nécessaire. Peu à peu, ces systèmes de contrôle mécaniques ont été remplacés par des entraînements électriques, qui étaient contrôlés par des relais électromécaniques. Ce système comprenait des éléments de commande de relais et d'interrupteurs câblés qui étaient câblés selon les besoins pour fournir la logique de commande nécessaire au type particulier de fonctionnement de la machine. Mais à mesure que les techniques de fabrication s'amélioraient et que les usines passaient à de nouveaux produits.

Fin 1960 et début 1970, le premier contrôleur logique programmable a été développé et a trouvé sa place dans les usines automobiles où les techniques de fabrication changent très rapidement en raison du changement de modèle chaque année. Le PLC qui a été développé à cette époque n'était pas très facile à programmer. Il était très difficile à programmer et nécessite des programmeurs formés. Mais ces dernières années, les PLC ont rapidement évolué et sont devenus des composants de systèmes de contrôle très sophistiqués et polyvalents. Aujourd'hui, les PLC sont capables d'exécuter des fonctions mathématiques complexes, y compris l'intégration et la différenciation numériques, fonctionnent à très grande vitesse et sont très faciles à programmer.

Concept de PLC

Un contrôleur logique programmable (PLC) est un ordinateur spécialisé à base de microprocesseur conçu pour fonctionner dans un environnement industriel bruyant, qui peut exécuter des fonctions de contrôle de nombreux types et de nature complexe. Un PLC possède un grand nombre de terminaux d'entrée et de sortie. Il possède un système d'exploitation dans sa ROM interne qui aide l'utilisateur à le programmer en utilisant un langage simple comme le diagramme logique de relais appelé programmation en échelle. Sa fonction est de surveiller les paramètres importants du processus et d'ajuster le fonctionnement du processus en fonction de ces paramètres.

Les éléments constitutifs des PLC et leurs fonctions

- Les PLC ont des dispositifs d'entrée/sortie supplémentaires comme des interrupteurs, des boutons poussoirs, des interrupteurs de fin de course, des capteurs, une lampe, un indicateur, etc.
- Dans un ordinateur, la plupart des dispositifs d'entrée/sortie transfèrent une grande quantité de données et sont des dispositifs d'un octet ou plus de longueur de données.
- Contrairement aux ordinateurs, les PLC sont conçus pour un environnement industriel et peuvent résister aux chocs vibratoires, aux températures élevées et aux bruits électriques.
- Contrairement à l'ordinateur qui utilise la syntaxe anglaise pour le langage de programmation, l'API utilise la programmation en échelle qui est plus proche du diagramme de relais.

Blocs de base d'un PLC

- Module d'entrée
- Module de sortie
- CPU
- Mémoire
- Alimentation électrique
- Dispositif de programmation

Langages de programmation PLC

- Programme d'échelle (LD)

- Liste d'instructions (IL)
- Tableau des fonctions séquentielles (SFC)
- Schéma fonctionnel (FBD)
- Texte structuré (ST)

Diagramme en échelle

Les PLC ont été développés pour remplacer les circuits de contrôle logique des relais. Les premiers PLC étaient programmés avec une technique basée sur un câblage logique de relais systématique ; cela éliminait la nécessité de former les électriciens, les techniques et les ingénieurs à la programmation. C'est ainsi que cette méthode est devenue populaire et est appelée programme en échelle.

Installation des logiciels

- Télécharger 3 logiciels
- **"RSLinxLite**
- **"RSLogixEmulate500"**
- **"Micro_Lite"**

Fig : - 1

- Ouvrez d'abord le logiciel "**RSLinx Classic Lite**", cliquez sur
  Communications, sélectionnez Configure Drivers... voir la figure.

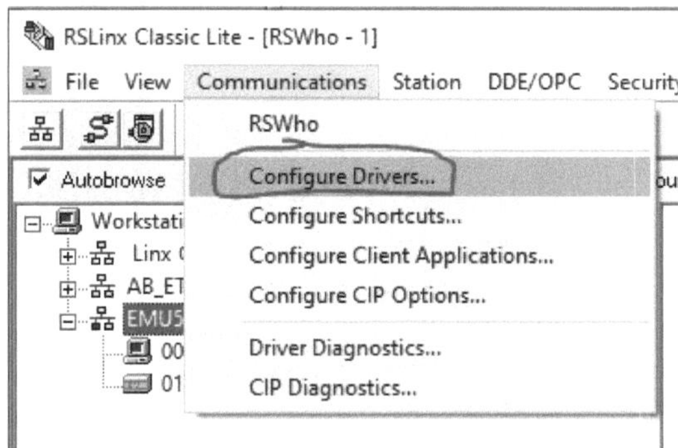

Fig : - 2

- Une nouvelle fenêtre pop-up apparaît, sélectionnez "SLC
  500(DH485) Emulator driver", cliquez sur Add New show in Fig.

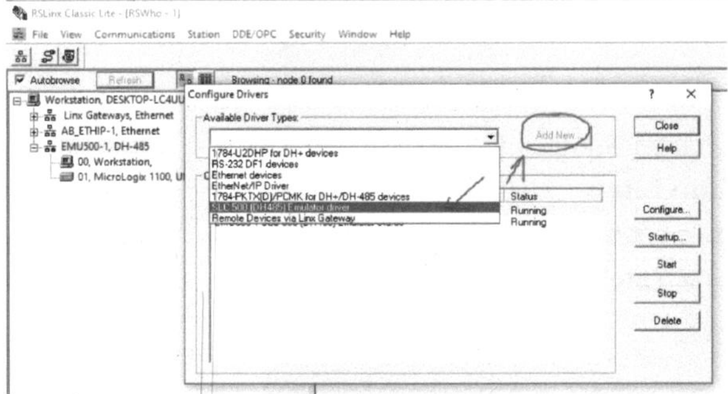

Fig : - 3

- La prochaine nouvelle station de travail apparaîtra dans la Fig.

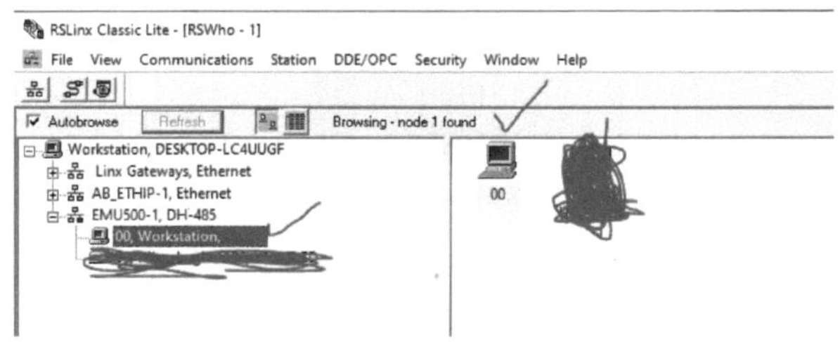

Fig : - 4

- Ouvrez le logiciel d'automate "**RSLogix Micro Starter Lite**", cliquez sur le nouveau fichier, Enregistrez le programme sous n'importe quel nom.

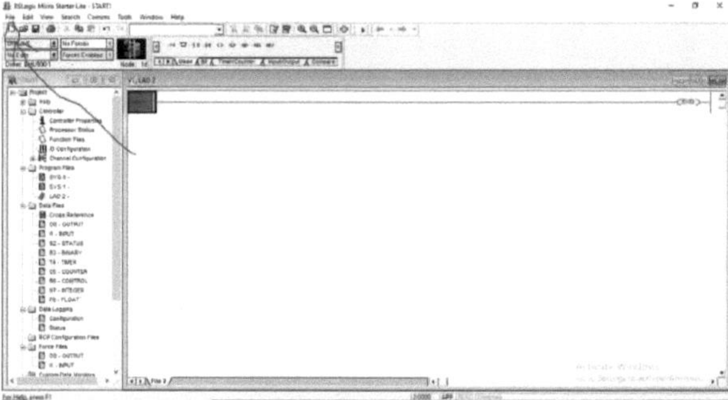

Fig : - 5

- ## **RSLogix Micro Starter Lite**

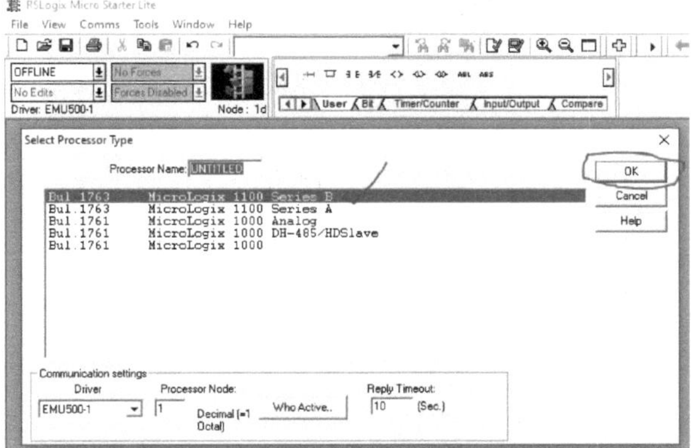

Fig : - 6

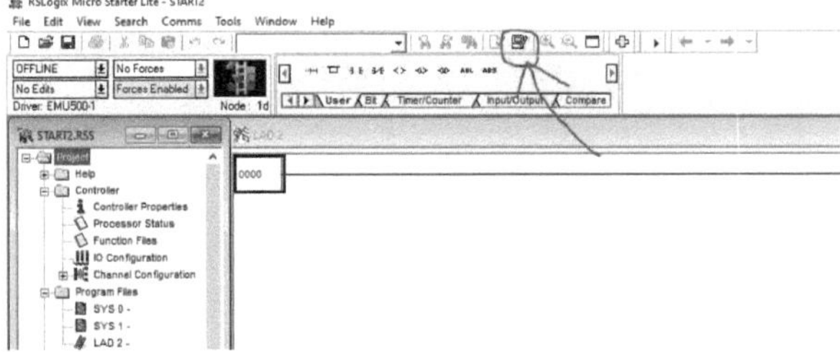

Fig : - 7

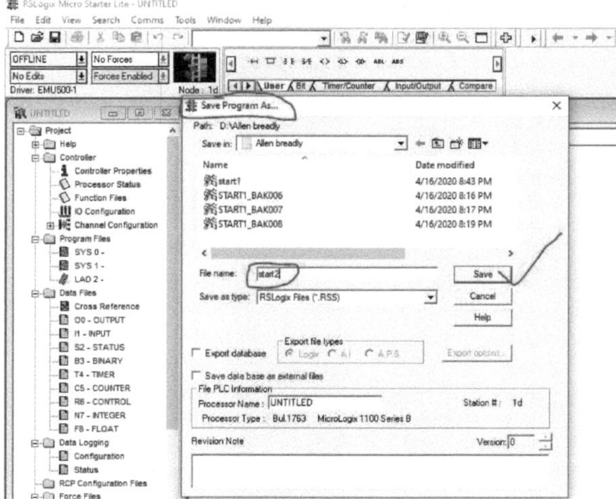

Fig : - 8

- Ouvrez le logiciel PLC "**RSLogix Emulate 500**" en cliquant sur "Open file", Ouvrez le même programme que celui dans lequel vous avez sauvegardé ("**RSLogix Micro Starter Lite**")

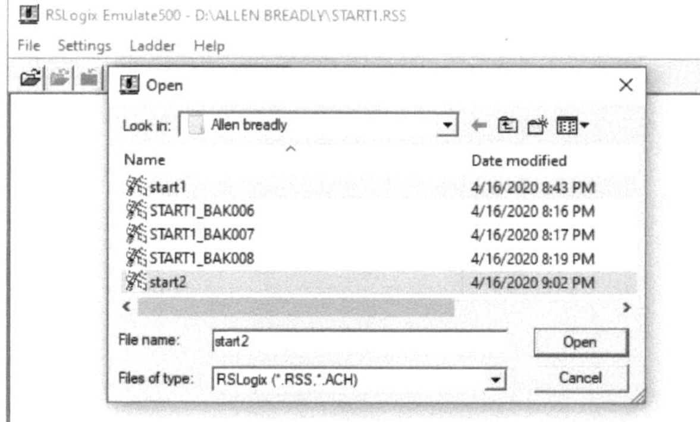

Fig : - 9

RSLogix Emulate500 - D:\ALLEN BREADLY\START1.RSS
File   Settings   Ladder   Help
RSLogix Emulate500 - START2
Main File #   2
Start Rung   0
End Rung   -1
Debug File #   0
Start Rung   0
End Rung   -1
Station #   01   Decimal
(1 Octal)
Restore Mode on Start
Priority   40
Ok   Cancel   Help

Fig : - 10

RSLogix Emulate500 - D:\ALLEN BREADLY\START2.RSS
File   Settings   Ladder   Help
START2:[01]   RUN HLT TST ONE   SCN
RSLogix Micro Starter Lite - START2
File   Edit   View   Search   Comms   Tools   Window   Help
OFFLINE   No Forc
No Edits   Forces E
Driver: EMU500-1
System Comms...
Who Active Go Online
Go Online
Upload...
Download...
Mode
Clear Fault
Clear Processor Memory
EEPROM...
Histogram
START2.RSS
Project
Help
Controller
Controller Pro
Processor St
Function Files
IO Configuration
Channel Configuration
Program Files
SYS 0 -
SYS 1 -
LAD 2 -
Data Files

Fig : - 11

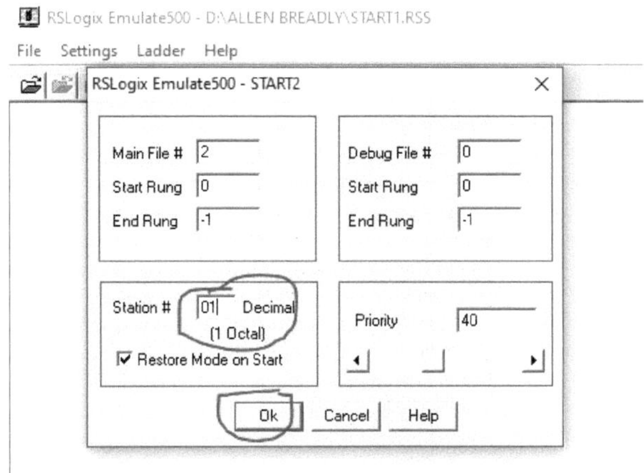

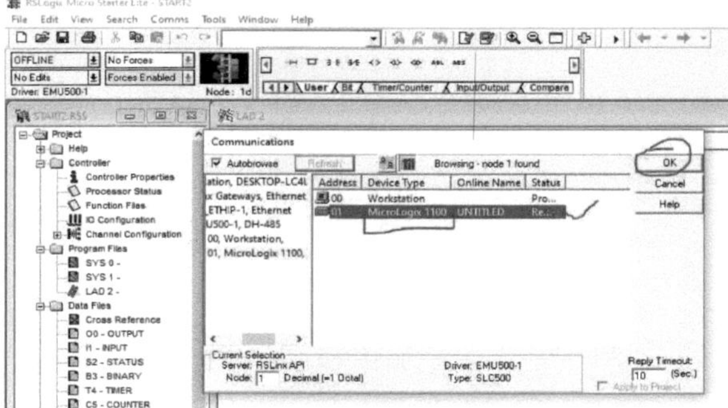

Fig : - 12

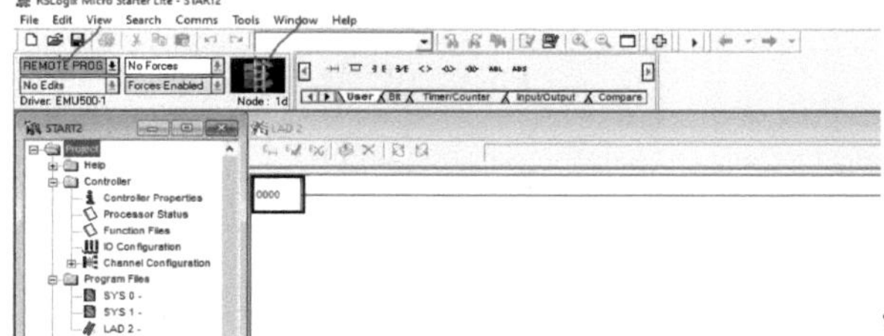

Fig : - 13

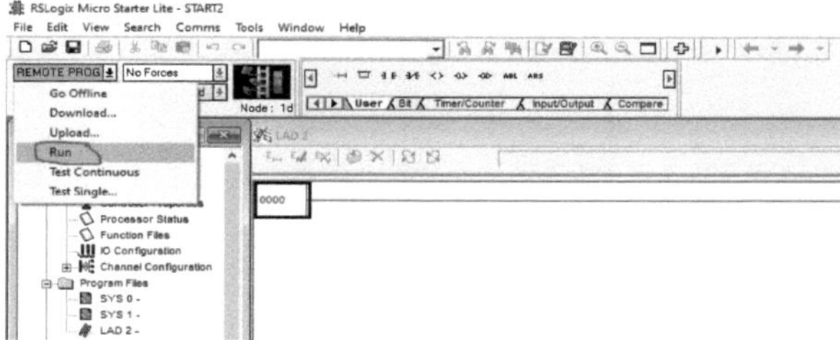

Fig : - 14

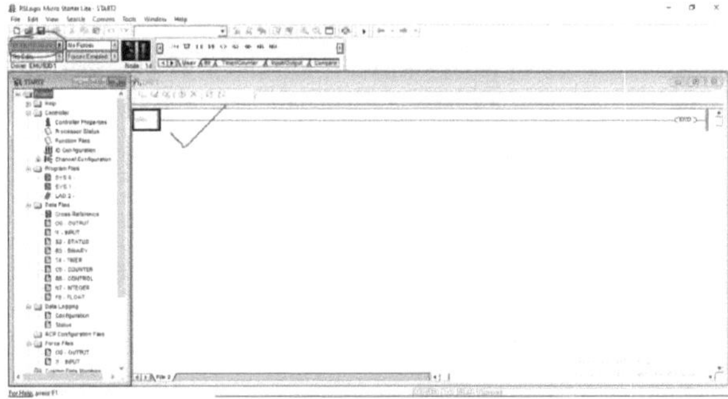

Fig : - 15

Programmation en logique d'échelle

Projet : - 1
Tâche : - OU spectacle de la porte dans le tableau de la logique de l'échelle.

A	B	C
0	0	0
1	0	1
0	1	1
1	1	1

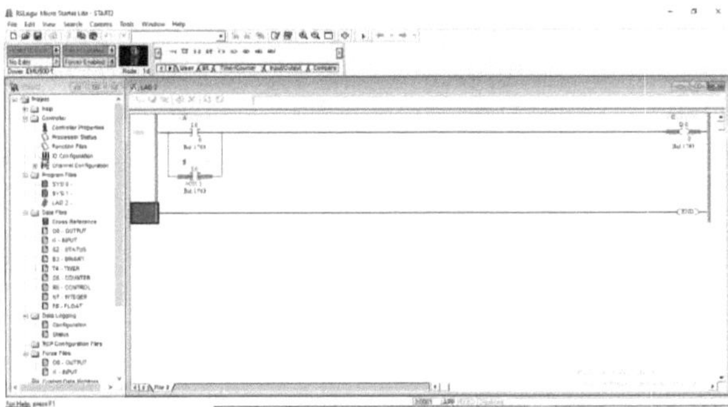

Fig : - 16

Projet : - 2

Tâche:- ET spectacle de la porte dans le tableau de la logique Ladder.

A	B	C
0	0	0
1	0	0
0	1	0
1	1	1

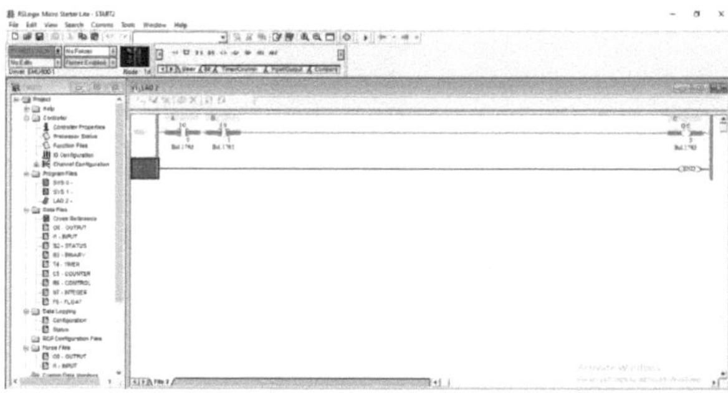

Fig : - 17

- Lorsque vous appuyez sur SW0 (interrupteur) et SW1 (interrupteur) tous les deux, après cette LED ou OUTPUT ON.

- Lorsque vous appuyez sur SWO uniquement, ne faites pas fonctionner la LED ou la SORTIE car l'alimentation n'est pas disponible sur la SORTIE.

- Lorsque vous appuyez sur SW1 uniquement, ne faites pas fonctionner la LED ou la SORTIE car l'alimentation n'est pas disponible sur la SORTIE.

Projet : - 3

Tâche : - PAS de Gate show dans la logique de Table make in Ladder.

A	B
0	1
1	0

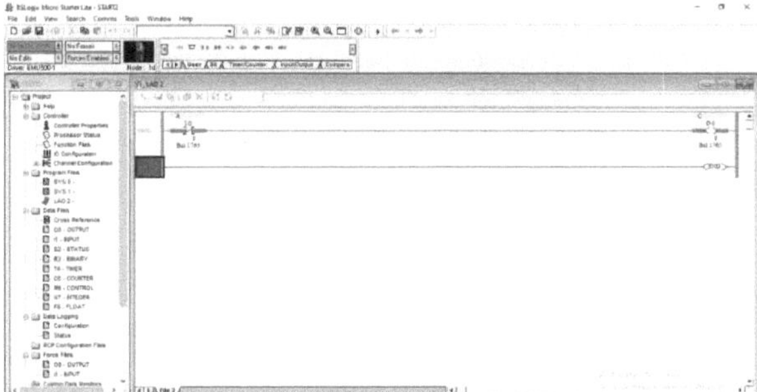

Fig : - 18

- Lorsque vous appuyez sur SWO, ne pas faire fonctionner la LED ou OUTPUT car l'alimentation n'est pas disponible sur OUTPUT, NC(Normalement fermé) change la condition sur le bouton NO(Normalement ouvert).

- Sans appuyer sur SWO, la LED ou OUTPUT fonctionnent, car l'alimentation disponible sur OUTPUT, utilisez le bouton NC (Normalement fermé).

Projet : - 4

Tâche : - Présentation de la porte NOR dans le tableau de la logique Ladder.

A	B	C
0	0	1
1	0	0
0	1	0
1	1	0

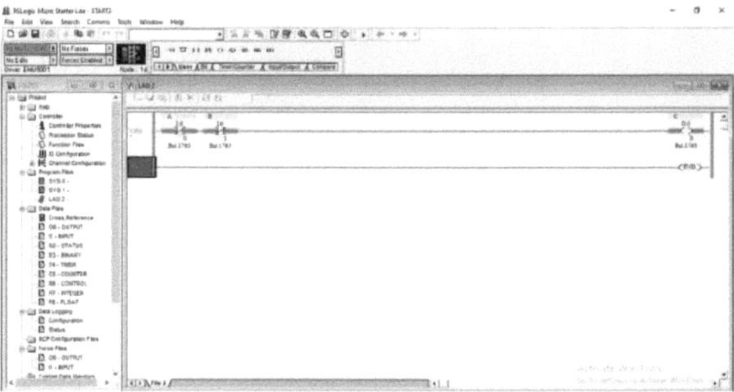

Fig : - 19

- Lorsque vous appuyez sur SWO, ne pas faire fonctionner la LED ou la SORTIE car l'alimentation n'est pas disponible sur la SORTIE, la NC (normalement fermée) change de condition sur le bouton NO (normalement ouvert).

- Lorsque vous appuyez sur le bouton SW1, ne faites pas fonctionner la LED ou la SORTIE parce que l'alimentation n'est pas disponible sur la SORTIE, le bouton NC (Normalement fermé) change de condition sur le bouton NO (Normalement ouvert).

- Sans appuyer sur SWO et SW1, la LED ou la SORTIE fonctionnent, car l'alimentation disponible sur la SORTIE, utilisez le bouton NC (Normalement fermé).

Projet : - 5

Tâche : - Présentation de la porte NAND dans le tableau de la logique Ladder.

A	B	C
0	0	1
1	0	1
0	1	1
1	1	0

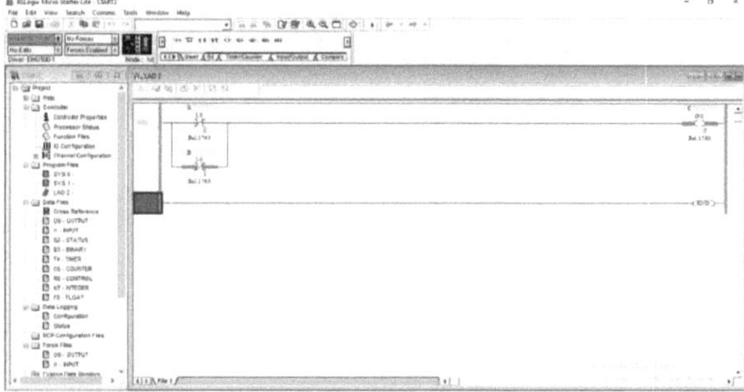

Fig : - 20

- Lorsque vous appuyez sur SWO (0.00), la LED ou la SORTIE fonctionnent, car l'alimentation disponible sur la SORTIE est assurée par l'aide du SW1 (0.01 son NC).
- Lorsque vous appuyez sur SW1 (0.01), la LED ou la SORTIE fonctionnent, car l'alimentation disponible sur la SORTIE est assurée par l'aide de SW0 (0.01 son NC).
- Lorsque vous appuyez sur SW0 (0.00) & SW1 (0.01), la LED ou la SORTIE ne fonctionne pas, car l'alimentation n'est pas disponible sur la SORTIE (les deux interrupteurs sont sans condition).

Projet : - 6

Tâche : - Présentation de la porte EX-OR dans le tableau de la logique Ladder.

A	B	C
0	0	0
1	0	1
0	1	1
1	1	0

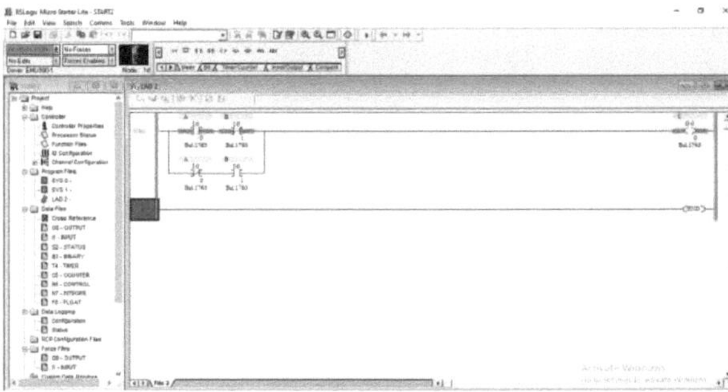

Fig : - 21

- Sans appuyer sur SWO (0.00) et SW1 (0.01), la LED ou la SORTIE ne fonctionnent pas, car l'alimentation n'est pas disponible sur la SORTIE.

- Lorsque vous appuyez sur SW0 (0.00), la LED ou la SORTIE fonctionnent, car l'alimentation disponible sur la SORTIE est assurée par l'aide du SW1 (0.01 sa NC).

- Lorsque vous appuyez sur SW1 (0.01), la LED ou la SORTIE fonctionnent, car l'alimentation disponible sur la SORTIE est assurée par l'aide de SW0 (0.00 son NC).

- Lorsque vous appuyez sur SW0 (0.00) & SW1 (0.01), la LED ou la SORTIE ne fonctionne pas, car l'alimentation n'est pas disponible sur la SORTIE.

Projet : - 7

Tâche : - Présentation de la porte EX-NOR dans la table de fabrication en logique Ladder.

A	B	C
0	0	1
1	0	0
0	1	0
1	1	1

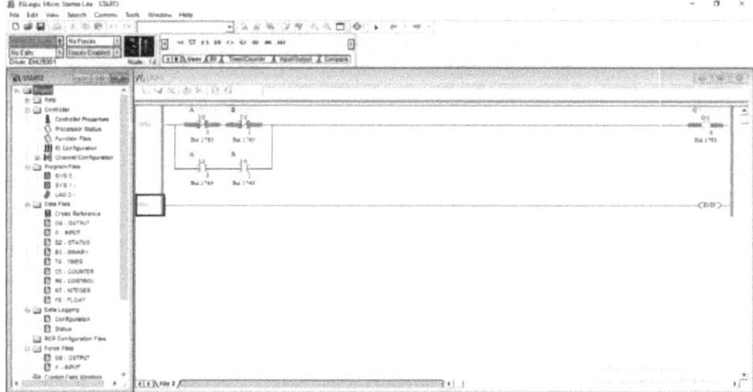

Fig : - 22

- Sans appuyer sur SWO (0.00) et SW1 (0.01), la LED ou la SORTIE fonctionnent, car l'alimentation est disponible sur la SORTIE.

- Lorsque vous appuyez sur SW0 (0.00), la LED ou la SORTIE ne fonctionne pas, car l'alimentation n'est pas disponible sur la SORTIE, SW1 (0.01 c'est N0).

- Lorsque vous appuyez sur SW1 (0.01), la LED ou la SORTIE ne fonctionnent pas, car l'alimentation n'est pas disponible sur l'aide de la SORTIE de SW0 (0.00 c'est NON).

- Lorsque vous appuyez sur SW0 (0.00) & SW1 (0.01), la LED ou la SORTIE fonctionnent, car l'alimentation est disponible sur la SORTIE.

Projet : - 8

INPUT (bouton-poussoir)				-> OUTPUT (LED)		

S0	S1	S2		OUT0	OUT1	OUT2
1	1	0	->	1	0	0
0	1	1	->	0	1	0
1	0	1	->	0	0	1
1	1	1	->	1	1	1

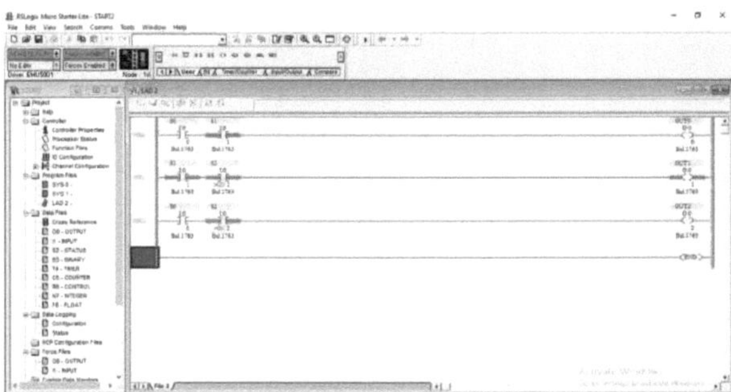

Fig : - 23

- Dans ce projet, utilisez 3 interrupteurs (non) et 3 sorties
- Appuyez d'abord sur les deux interrupteurs SW0 (0.00) et SW1 (0.01), selon la tâche à accomplir lorsque vous appuyez sur les deux interrupteurs, sortie (OUT0) activée.
- Appuyez sur les deux interrupteurs SW1 (0.01) & SW2 (0.02), selon la tâche à accomplir, lorsque vous appuyez sur les deux interrupteurs, sortie (OUT1) ON.
- Appuyez sur les deux interrupteurs SW0 (0.00) & SW2 (0.02), selon la tâche à accomplir lorsque vous appuyez sur les deux interrupteurs, sortie (OUT2) ON.
- Appuyez sur les deux interrupteurs SW1 (0.00), SW1 (0.01) & SW2(0.02) In selon la tâche lorsque vous appuyez sur les deux interrupteurs, sortie (OUT0), OUT1 & OUT2 ON.

Projet : - 9

INPUT (bouton-poussoir)	-> OUTPUT (LED)

		OUT0	OUT1	OUT2
0 (S0)	->	1	0	0
1 (S1)	->	0	1	0
2 (S2)	->	0	0	1
3 (S3)	->	1	1	1

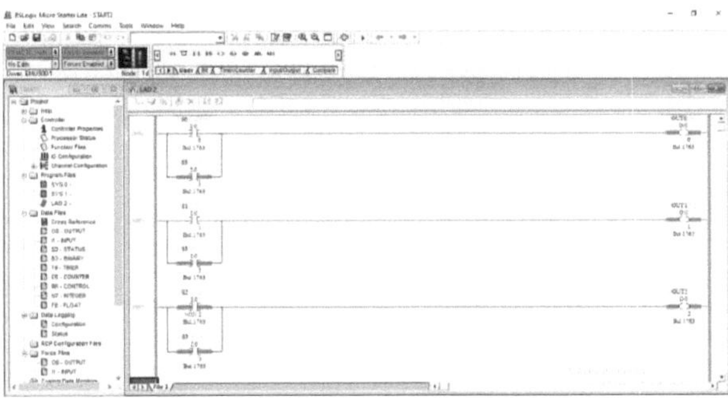

Fig : - 24

- Dans ce projet, utilisez 4 interrupteurs (non) et 3 sorties
- Appuyez d'abord sur l'interrupteur S0 (0.00), selon la tâche à accomplir lorsque vous appuyez sur l'interrupteur, sortie (OUT0) ON.
- Appuyez sur l'interrupteur S1 (0.01), comme pour la tâche lorsque vous appuyez sur l'interrupteur, sortie (OUT1) ON.
- Appuyez sur l'interrupteur S2 (0,02), comme pour la tâche lorsque vous appuyez sur l'interrupteur, sortie (OUT2) ON.
- Appuyez sur l'interrupteur S3 (0.03), comme pour la tâche lorsque vous appuyez sur l'interrupteur, sortie (OUT0), OUT1 et OUT2 ON.

Projet : - 10

INPUT (bouton-poussoir)	-> OUTPUT (LED)

0 + 1 (S0 + S1)	->	0,1
1 + 2 (S1 + S2)	->	2,3
0 + 1 + 2 (S0 + S1 + S2)	->	0,1,2,3

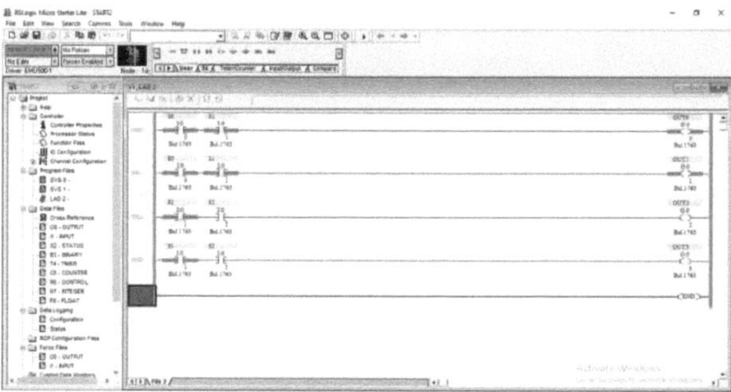

Fig : - 25

- Dans ce projet, utilisez 3 interrupteurs (non) et 4 sorties
- Appuyez d'abord sur les deux interrupteurs SW0 (0,00) et SW1 (0,01), selon la tâche à accomplir, lorsque vous appuyez sur les deux interrupteurs, sortie (OUT0) et OUT1 ON.
- Appuyez sur les deux interrupteurs SW1 (0.01) & SW2 (0.02), selon la tâche à accomplir, lorsque vous appuyez sur les deux interrupteurs, sortie (OUT2) & OUT3 ON.
- Appuyez sur les deux interrupteurs SW0 (0.00), SW1 (0.01) & SW2(0.02) In selon la tâche lorsque vous appuyez sur les deux interrupteurs, sortie (OUT0), OUT1, OUT2 & OUT3 ON.

<h1 style="text-align:center">Détenir ou verrouiller</h1>

Le verrouillage est utilisé pour les circuits qui sont capables de maintenir la sortie sous tension même si l'entrée qui l'alimente cesse. Il est utilisé pour régler la sortie de façon permanente avec un interrupteur momentané. Par exemple, si nous appuyons sur un interrupteur instantané 1 pour démarrer un moteur à la sortie et que cette sortie est utilisée pour verrouiller le circuit afin qu'il fonctionne de manière continue jusqu'à ce que l'interrupteur 2 soit enfoncé.

Projet : - 1

INPUT (bouton-poussoir)	-> OUTPUT (LED)	
Détenir ou verrouiller		
0 (S0)	**->**	**0**
1 (S1)	**->**	**1**

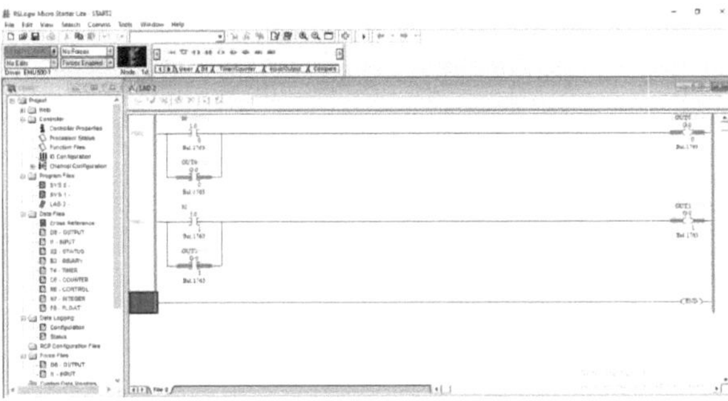

Fig : - 26

- Dans ce projet, utilisez 2 interrupteurs (NON) et 2 sorties
- Appuyez d'abord sur l'interrupteur S0 (0.00), selon la tâche à accomplir lorsque vous appuyez sur l'interrupteur, sortie (OUT0) ON.

- Appuyez sur l'interrupteur S1 (0.01), comme pour la tâche lorsque vous appuyez sur l'interrupteur, sortie (OUT1) ON.

Interlocking

Le terme d'**interverrouillage** est né de l'expression "interverrouillage mécanique", où un objet **verrouille** littéralement un autre objet en place si le premier est en mouvement, et vice versa. Le terme s'est élargi pour inclure toute condition prohibitive.

Vous pouvez comprendre la partie "inter-" du terme lorsque vous réalisez que le code de la pompe2 serait le même que celui de la pompe1, sauf que le contact de la pompe1 serait l'interlock au lieu de la pompe2

Certains programmeurs (dont je fais partie) prennent toutes les conditions d'enclenchement et les font alimenter une seule bobine. Que vous programmiez cette bobine de manière à ce que -|/|- ou -| |- soit utilisée sur l'échelon est une question de goût personnel. C'est aussi la source de beaucoup de confusion sémantique :

"La pompe 1 est verrouillée avec la pompe 2" - Cela signifie-t-il que vous ne pouvez pas faire fonctionner la pompe 1 si la pompe 2 est en marche, ou que vous ne pouvez pas faire fonctionner la pompe 1 *tant que la pompe 2 n'est pas en marche*.

Projet : - 2

INPUT (bouton-poussoir)		-> OUTPUT (LED)

Interlocking		
0	->	0 (ON) 1 (OFF) 2 (OFF)
1	->	0 (OFF) 1 (ON) 2 (OFF)
2	->	0 (OFF) 1 (OFF) 2 (ON)

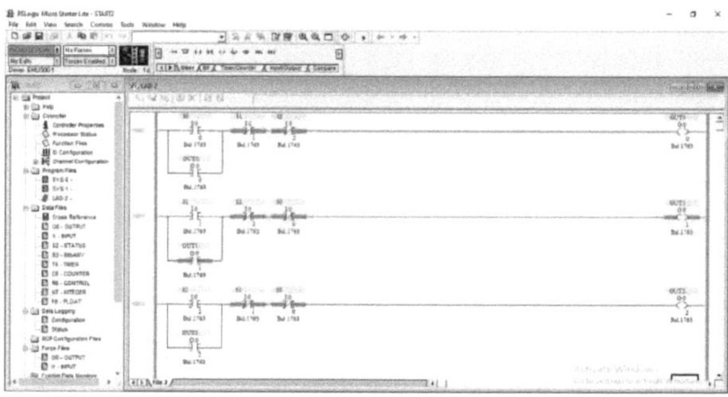

Fig : - 27

- Dans ce projet, utilisez 3 interrupteurs (non) et 3 sorties
- Appuyez d'abord sur l'interrupteur S0 (0.00), selon la tâche à accomplir lorsque vous appuyez sur l'interrupteur, sortie OUT0 (ON), OUT1 (OFF) & OUT2 (OFF).
- Appuyez sur l'interrupteur S1 (0.01), selon la tâche à accomplir lorsque vous appuyez sur l'interrupteur, sortie OUT0 (OFF), OUT1 (ON) & OUT2 (OFF).

- Appuyez sur l'interrupteur S2 (0,02), selon la tâche à accomplir lorsque vous appuyez sur l'interrupteur, sortie OUT0 (OFF), OUT1 (OFF) et OUT2 (ON).

Projet : - 3

INPUT (bouton-poussoir)	**-> OUTPUT**
(LED)	

Interconnexion avec le holding		
0 + 1	->	0 (ON), 1 (ON), 2 (OFF), 3 (OFF)
1 + 2	->	0 (OFF), 1 (OFF), 2 (ON), 3 (ON)
0 + 2	->	0 (ON), 1 (OFF), 2 (ON), 3 (OFF)

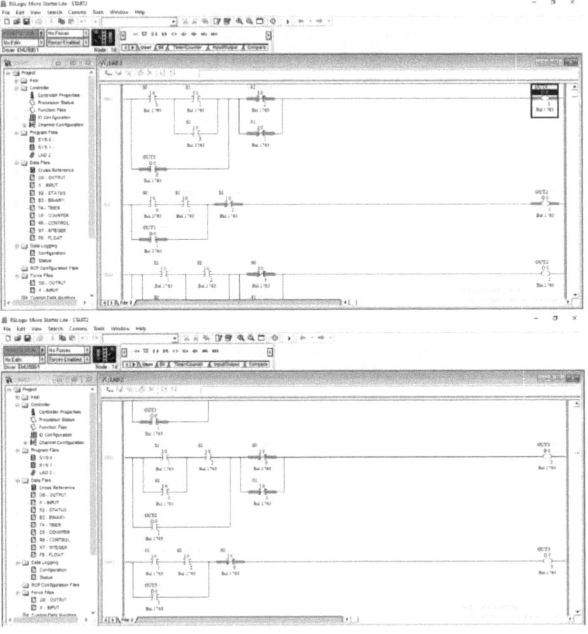

Fig : - 28

- Dans ce projet, utilisez 3 interrupteurs (non) et 4 sorties
- Appuyez d'abord sur les interrupteurs S0 (0,00) et S1 (0,01), selon la tâche à accomplir lorsque vous appuyez sur l'interrupteur, puis sur les sorties OUT0 (ON), OUT1 (ON), OUT2 (OFF) et OUT3 (OFF).
- Appuyez sur les interrupteurs S1 (0,01) et S2 (0,02), selon la tâche à accomplir lorsque vous appuyez sur l'interrupteur, sortie OUT0 (OFF), OUT1 (OFF), OUT2 (ON) et OUT3 (ON).
- Appuyez d'abord sur les interrupteurs S0 (0,00) et S2 (0,02), selon la tâche à accomplir lorsque vous appuyez sur l'interrupteur, puis sur les sorties OUT0 (ON), OUT1 (OFF), OUT2 (ON) et OUT3 (OFF).

Instruction sur la minuterie

TON (Timer ON)

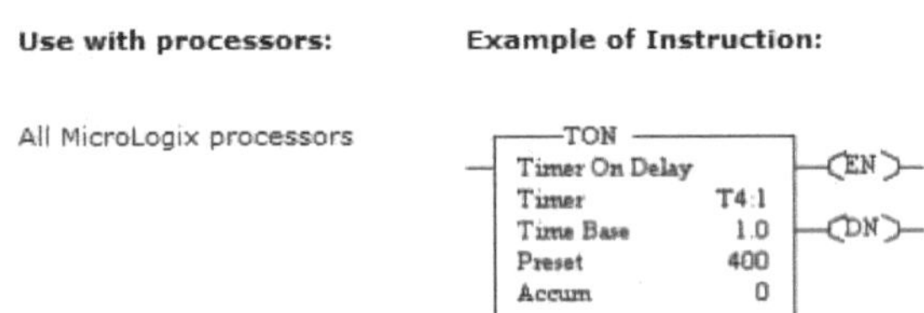

T4:7.ACC est une **adresse de mot**, où le **point** sépare l'élément du mot dans cet élément. Comme les fichiers Timer comportent 3 éléments de mot, l'adresse T4:7.ACC renvoie au mot Accumulateur (troisième mot) dans l'élément 7 du fichier Timer T4

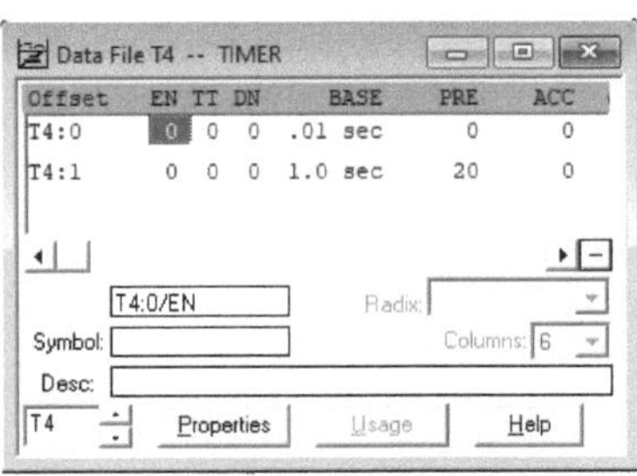

Fig : - 29

Utilisez l'instruction TON pour activer ou désactiver une sortie après que la minuterie ait été activée pendant un intervalle de temps prédéfini. Cette instruction de sortie commence la temporisation (à un intervalle d'une seconde ou d'un centième de seconde) lorsque son échelon devient "vrai". Elle attend le temps spécifié (tel que défini dans le PRESET), garde une trace des intervalles accumulés qui se sont produits (ACCUM), et définit le bit DN (done) lorsque le temps ACCUM (accumulé) est égal au temps PRESET.

Tant que les conditions de l'échelon restent vraies, le chronomètre ajuste sa valeur accumulée (ACC) à chaque évaluation jusqu'à ce qu'elle atteigne la valeur préréglée (PRE). La valeur accumulée est réinitialisée lorsque les conditions de barreaux deviennent fausses, que le minuteur ait ou non expiré.

Bits d'instruction :

13 = DN (fait)

14 = TT (bit de temporisation)

15 = EN (bit d'activation)

Si l'alimentation est coupée alors qu'un TON est en cours de chronométrage mais n'a pas atteint sa valeur prédéfinie, les bits EN et TT restent réglés et la valeur accumulée (ACCUM) reste la même. Ceci est également vrai si le processeur passe du mode REM Run ou REM Test au mode REM Program.

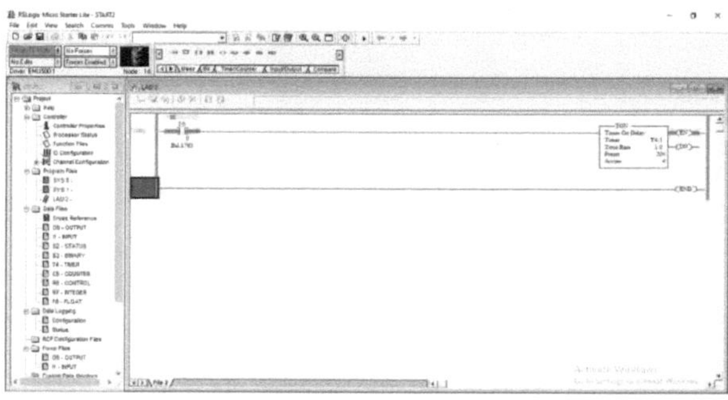

Fig : - 30

TOF (Timer Off)

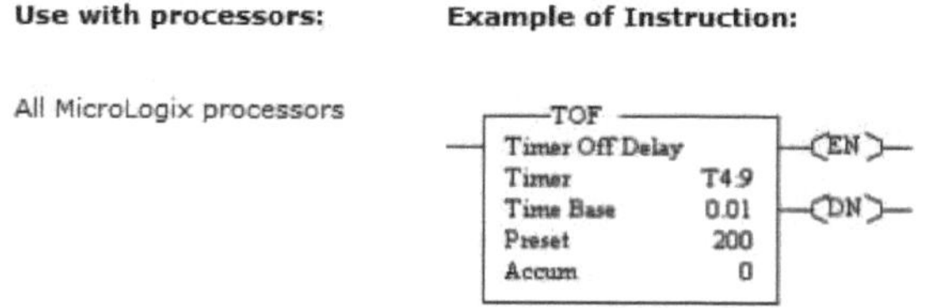

Utilisez l'instruction TOF pour activer ou désactiver une sortie après que son échelon a été désactivé pendant un intervalle de temps prédéfini. L'instruction TOF commence à compter les intervalles de base de temps lorsque l'échelon effectue une transition de vrai à faux. Tant que les conditions de l'échelon restent fausses, le minuteur incrémente sa valeur accumulée (ACC) en fonction de la base de temps pour chaque balayage jusqu'à ce qu'il atteigne la valeur prédéfinie (PRE). La valeur accumulée est réinitialisée lorsque les conditions d'échelon deviennent vraies, que le minuteur ait ou non expiré.

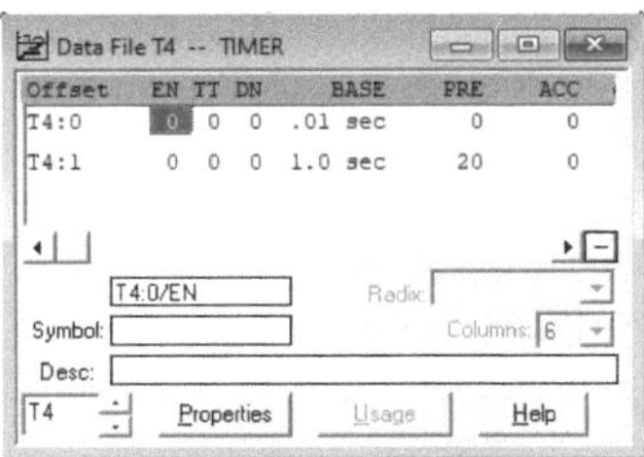

Fig : - 31

La minuterie TOF fonctionne à l'intérieur d'une paire MCR inactive.

Bits d'état :

13 = **DN** Définir lorsque les conditions
(bit fait) d'échelon sont vraies ; le rester jusqu'à ce que les conditions d'échelon deviennent fausses et que la valeur accumulée soit supérieure ou égale à la valeur prédéfinie.

14 = **TT** Définie lorsque les conditions de
(bit de l'échelon sont fausses et que la valeur temporisation) accumulée est inférieure à la valeur prédéfinie ; restez-la jusqu'à ce que les conditions de l'échelon deviennent vraies ou lorsque le bit terminé est réinitialisé.

15 = EN Fixer quand les conditions d'échelon
(bit sont vraies ; le rester jusqu'à ce que
d'activation) les conditions d'échelon deviennent
fausses.

Lorsque le fonctionnement du processeur passe du mode d'exécution ou de test REM au mode de programme REM ou si l'alimentation de l'utilisateur est coupée pendant la temporisation d'un TOF mais n'a pas atteint sa valeur prédéfinie, les bits EN, TT et DN restent réglés et la valeur accumulée (ACCUM) reste la même.

En revenant au mode REM Run ou REM Test, les situations suivantes peuvent se produire :

Si l'échelon est vrai : Le bit TT est réinitialisé, le
bit DN reste activé, le bit
EN est activé

La valeur ACC est
réinitialisée

Si l'échelon est faux : Le bit TT est remis à zéro,
le bit DN est remis à zéro,
le bit EN est remis à zéro

La valeur de l'ACC est
égale à la valeur prédéfinie

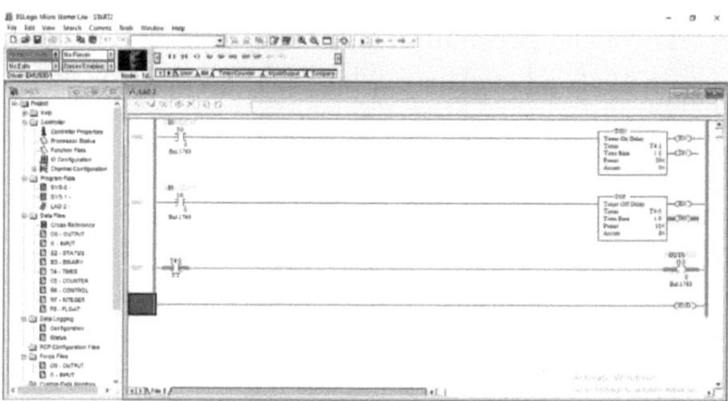

Fig : - 32

RTO (Retentive Timer On-Delay)

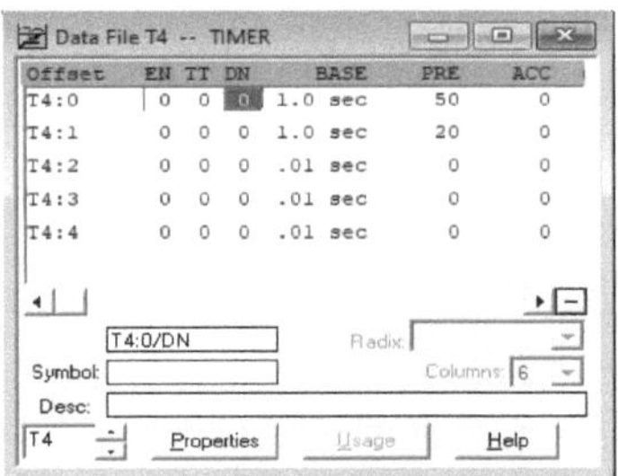

Un RTO fonctionne de la même manière qu'un <u>TON, à l</u>'exception du fait qu'une fois qu'il a commencé à chronométrer, il conserve son compte du temps même si l'échelon se trompe, qu'une erreur se produit, que le mode passe de REM Run ou REM Test à REM Program, ou que l'alimentation est perdue. Lorsque la continuité de l'échelon est rétablie (l'échelon redevient vrai), le RTO commence à chronométrer à partir du temps accumulé qui était maintenu lorsque la continuité de l'échelon a été perdue. En conservant sa valeur accumulée, les temporisateurs de rétention mesurent la période cumulative pendant laquelle les conditions de l'échelon sont vraies.

Fig : - 33

Bits d'instruction : 13 = DN (fait)

14 = TT (bit de temporisation)

15 = EN (bit d'activation)

Si la valeur prédéfinie ou accumulée est négative au moment de l'exécution de l'instruction, il en résulte une erreur majeure.

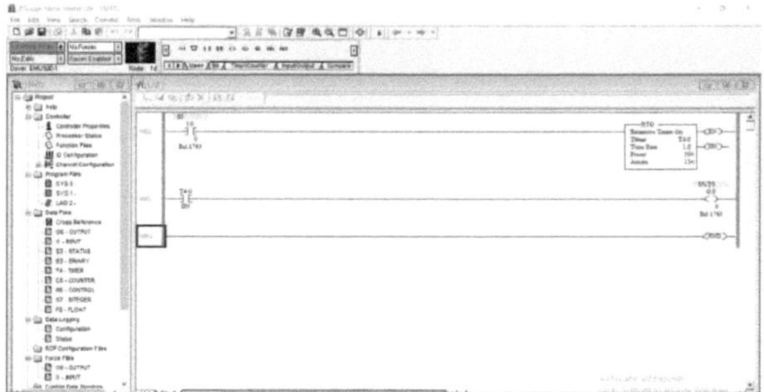

Fig : - 34

Contre-instruction

CTU (Count UP)

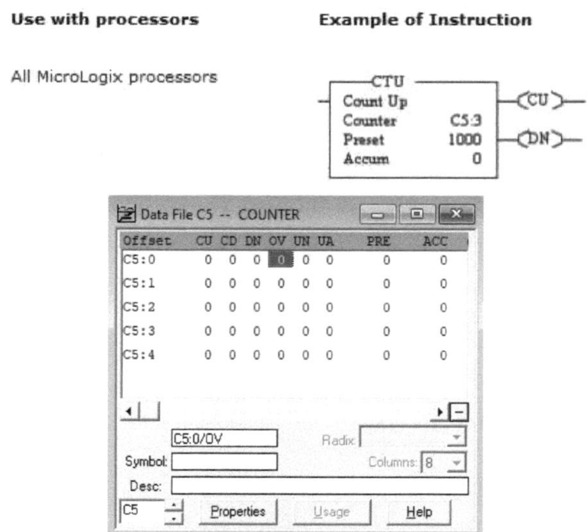

Fig : - 35

Cette instruction de sortie compte pour chaque transition de faux à vrai des conditions qui la précèdent dans l'échelon et produit une sortie lorsque la valeur accumulée atteint la valeur prédéfinie. Les transitions d'échelon peuvent être déclenchées par un interrupteur de fin de course ou par des pièces passant devant un détecteur.

La capacité du compteur à détecter les transitions de faux à vrai dépend de la vitesse (fréquence) du signal entrant. La durée d'activation et de désactivation d'un signal entrant ne doit pas être supérieure à la durée de balayage.

Chaque comptage est conservé lorsque les conditions de l'échelon redeviennent fausses, ce qui permet de continuer à compter au-delà de la valeur prédéfinie. De cette façon, vous pouvez baser une sortie sur la valeur prédéfinie mais continuer à compter pour garder une trace de l'inventaire/pièces, etc.

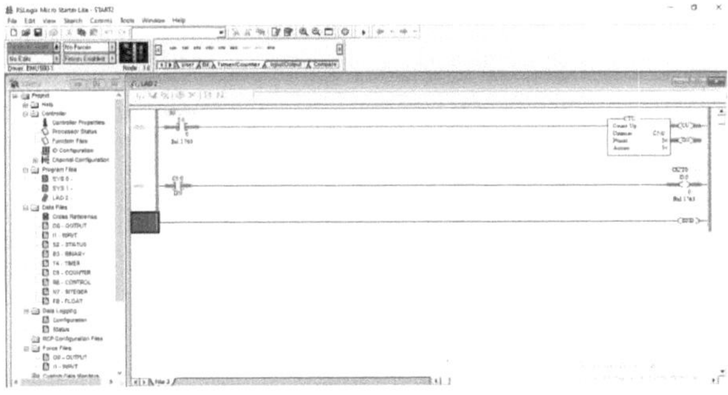

Fig : - 36

Les contre-fichiers utilisent trois mots par élément.

Bits d'instruction : 12 = bit OV (count up overflow)

13 = DN (fait) bit

15 = CU (count up enable) bit

Les bits CU sont toujours réglés avant d'entrer dans les modes REM Run ou REM Test.

CTD (Compte à rebours)

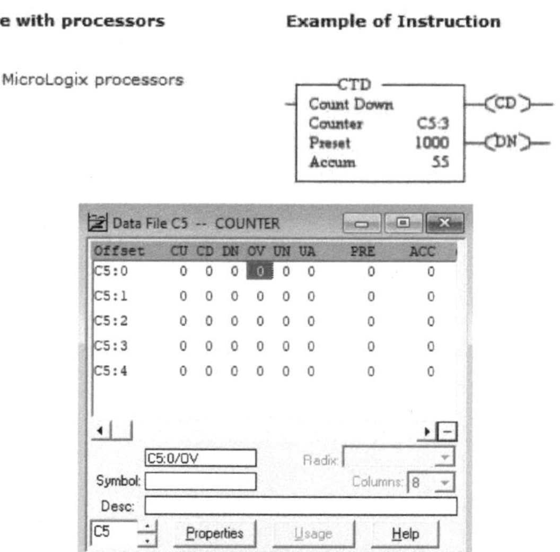

Fig : - 37

Cette instruction de sortie compte à rebours pour chaque transition de faux à vrai des conditions qui la précèdent dans l'échelon et produit une sortie lorsque la valeur accumulée atteint la valeur prédéfinie. Les transitions d'échelon peuvent être déclenchées par un interrupteur de fin de course ou par des pièces passant devant un détecteur.

Chaque compte est conservé lorsque les conditions de l'échelon deviennent à nouveau fausses. Le comptage est conservé jusqu'à ce qu'une instruction RES (reset) ayant la même adresse que le compteur soit activée, ou si une autre instruction de votre programme écrase la valeur.

La valeur accumulée est conservée après que l'instruction CTU ou CTD soit fausse, et lorsque l'alimentation est coupée puis rétablie dans le processeur. De plus, l'état de marche ou d'arrêt des bits de compteur effectué, de débordement et de sous-débordement est conservé. La valeur accumulée et les bits de contrôle sont réinitialisés lorsqu'un RES est activé.

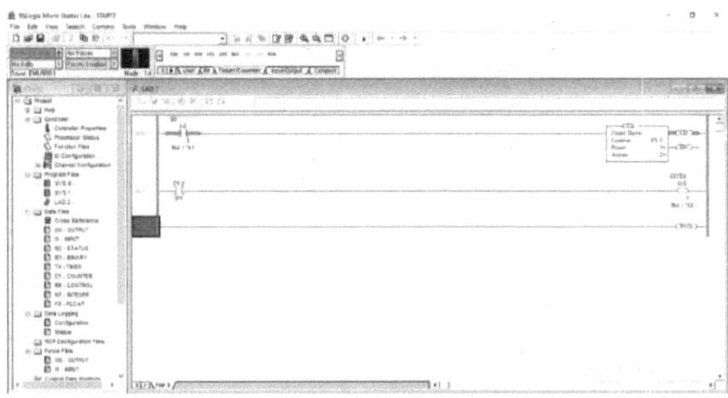

Fig : - 38

Les contre-fichiers utilisent trois mots par élément.

Bits d'instruction : 11 = bit UN (count down underflow)

   13 = DN (fait) bit

   14 = CD (activation du compte à rebours) bit

Les bits du CD sont toujours réglés avant d'entrer dans les modes REM Run ou REM Test

Instruction RES

RES (Réinitialisation)

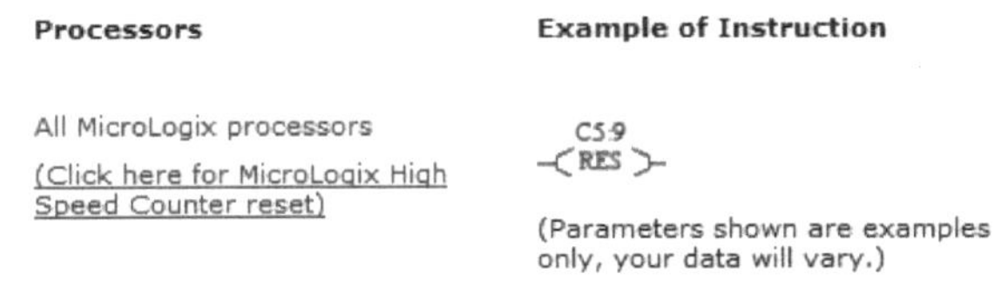

L'instruction RES est utilisée pour réinitialiser les minuteries et les compteurs. Lorsque les conditions qui la précèdent dans l'échelon sont vraies, le RES réinitialise la valeur accumulée et les bits de contrôle du minuteur ou du compteur. Assurez-vous que le minuteur ou le compteur contrôlé par l'instruction RES a la même adresse que l'instruction de

37

réinitialisation. Par exemple, si votre adresse <u>RTO</u> est T4:1, votre adresse RES doit également être T4:1.

Lors de la réinitialisation d'un compteur, si l'instruction RES est activée et que l'échelon du compteur est activé, le bit CU ou CD est réinitialisé.

Si la valeur prédéfinie du compteur est négative, l'instruction RES met la valeur cumulée à zéro. Le bit effectué est alors défini par une instruction de compte à rebours ou de compte à rebours.

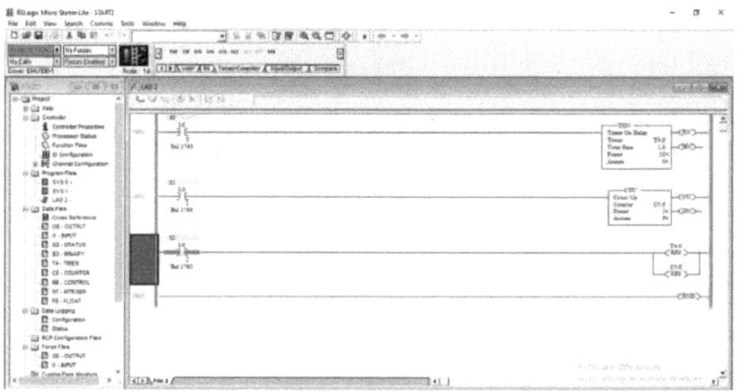

Fig : - 39

Instruction de comparaison

EQU (Equal)

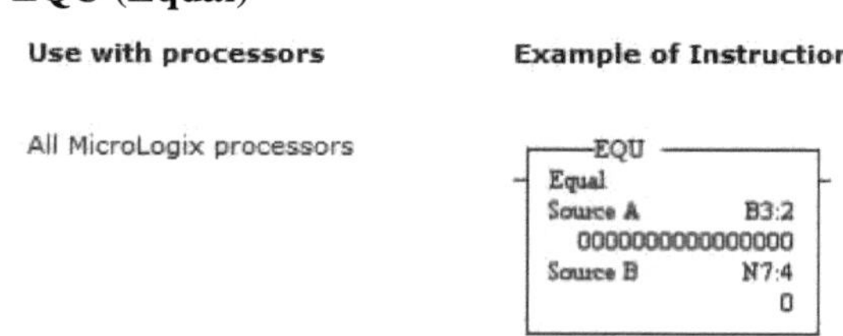

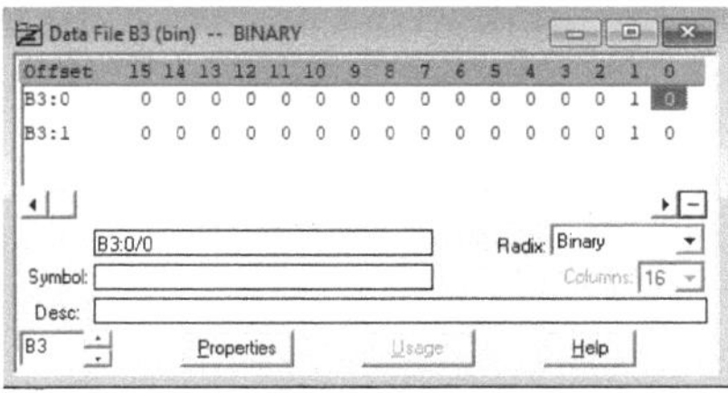

Fig : - 40

Cette instruction de saisie est vraie lorsque la source A = la source B.

L'instruction EQU compare deux valeurs spécifiées par l'utilisateur. Si les valeurs sont égales, elle permet la continuité de l'échelon. L'échelon se réalise et la sortie est activée (à condition qu'aucune autre force n'affecte l'état de l'échelon). Vous devez entrer une adresse de mot pour la source A. Vous pouvez entrer une constante de programme ou une adresse de mot pour la source B. Les entiers négatifs sont stockés sous la forme complémentaire de deux.

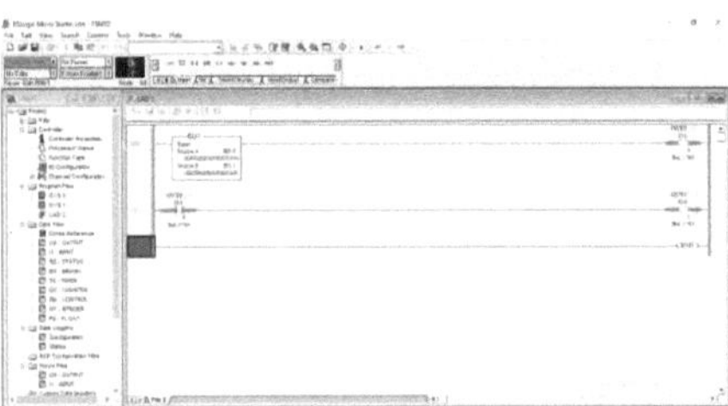

Fig : - 41

NEQ (Not Equal)

Use with processors   **Example of Instruction**

All MicroLogix processors

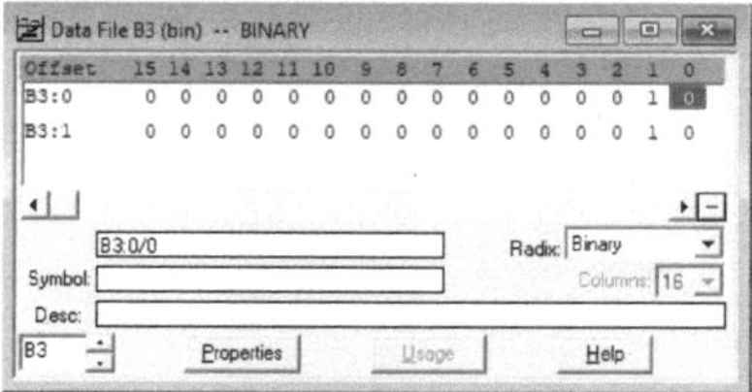

Fig : - 42

Utilisez l'instruction NEQ pour vérifier si deux valeurs ne sont pas égales. Si la source A et la source B ne sont pas égales, l'instruction est logiquement vraie. Si les deux valeurs sont égales, l'instruction est logiquement fausse. La **source A** doit être une adresse de mot. La source **B** peut être une adresse de mot ou une constante de programme.

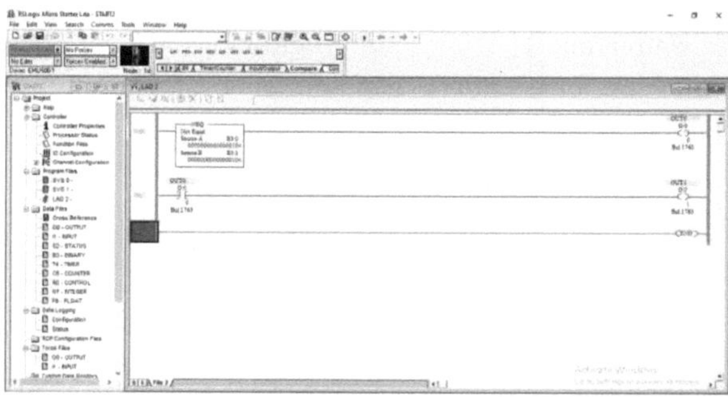

Fig : - 43

LES (Less Than)

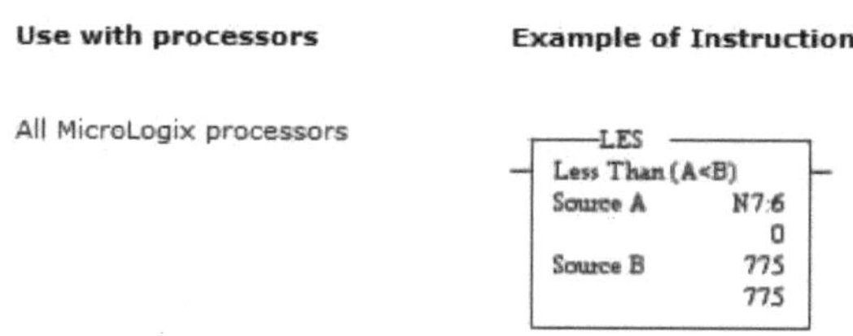

Cette instruction de saisie conditionnelle permet de vérifier si une valeur (Source A) est inférieure à une autre (Source B). Si la valeur de la source A est inférieure à la valeur de la source B, l'instruction est logiquement vraie. Si la valeur de la source A est supérieure ou égale à la valeur de la source B, l'instruction est logiquement fausse.

Entrez une adresse de mot pour la source A. Entrez une <u>constante</u> ou une adresse de mot pour la source B. Les entiers signés sont stockés sous la forme du complément de deux.

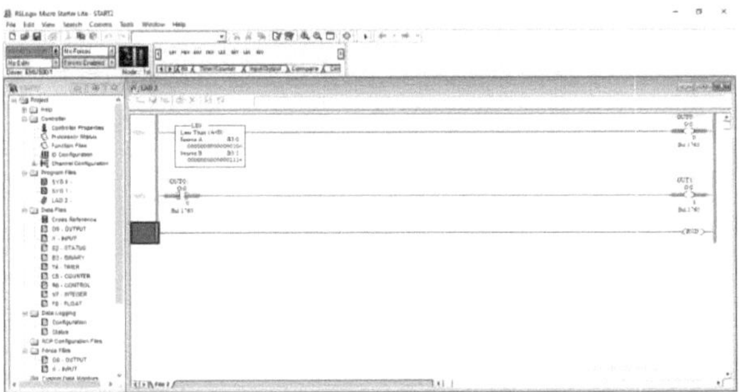

Fig : - 44

LEQ (Less Than or Equal)

Use with processors

Example of Instruction

All MicroLogix processors

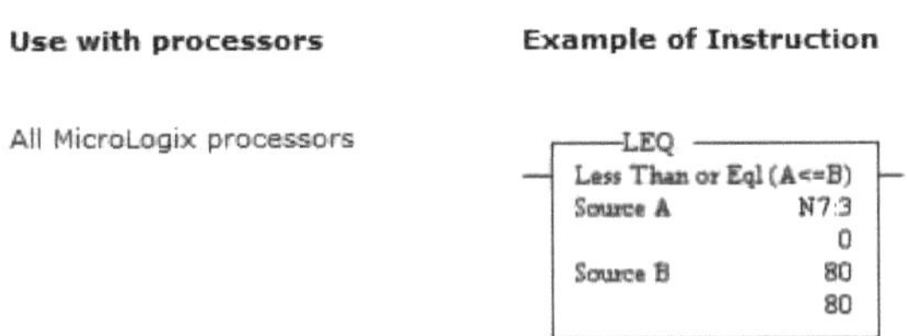

Cette instruction de saisie conditionnelle permet de vérifier si une valeur (source A) est inférieure ou égale à une autre (source B). Si la valeur de la source A est inférieure ou égale à la valeur de la source B, l'instruction est logiquement vraie. Si la valeur de la source A est supérieure à la valeur de la source B, l'instruction est logiquement fausse.

Saisie des paramètres :

Entrez une adresse de mot pour la source A. Entrez une <u>constante</u> ou une adresse de mot pour la source B. Les entiers signés sont stockés sous la forme du complément de deux.

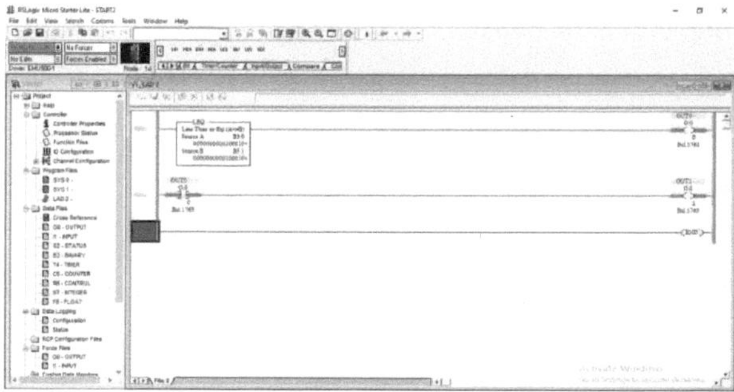

Fig : - 45

GRT (Greater Than)

Use with processors | **Example of Instruction**

All MicroLogix processors

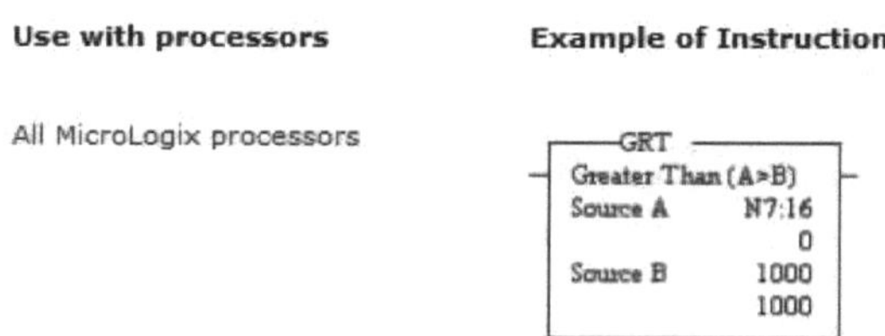

Cette instruction de saisie compare deux valeurs spécifiées par l'utilisateur. Si la valeur stockée dans la source A est supérieure à la valeur stockée dans la source B, elle permet la continuité de l'échelonnement. L'échelon deviendra "vrai" et la sortie sera activée (à condition qu'aucune autre instruction n'affecte l'état de l'échelon). Si la valeur de la source A est inférieure ou égale à la valeur de la source B, l'instruction est logiquement fausse.

Saisie des paramètres :

Vous devez entrer une adresse de mot pour la source A. Vous pouvez
entrer une <u>constante de</u> programme ou une adresse de mot pour la source B.
Les entiers signés sont stockés sous la forme complémentaire de deux.

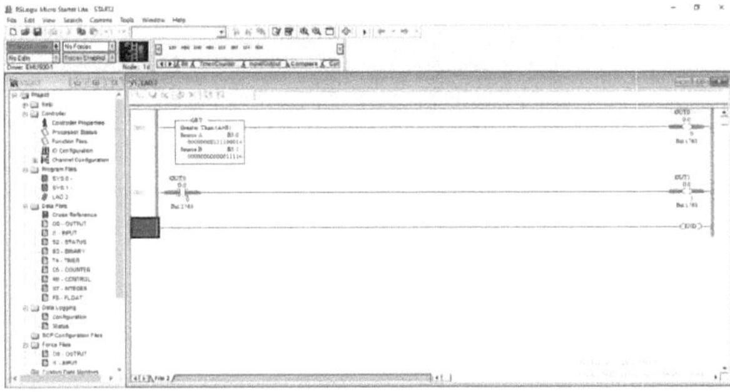

Fig : - 46

GEQ (supérieur ou égal à)

Use with processors

All MicroLogix processors

Example of Instruction

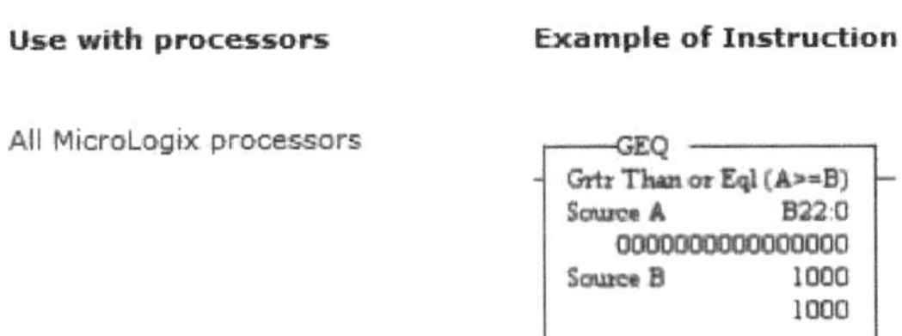

Cette instruction de saisie compare deux valeurs spécifiées par l'utilisateur.
Si la valeur stockée dans la source A est supérieure ou égale à la valeur
stockée dans la source B, elle permet la continuité de l'échelonnement.
L'échelon sera exécuté et la sortie sera activée (à condition qu'aucune autre
instruction n'affecte l'état de l'échelon). Si la valeur dans la Source A est
inférieure à la valeur dans la Source B, l'instruction est logiquement fausse.

Saisie des paramètres :

Vous devez entrer une adresse de mot pour la source A. Vous pouvez entrer une <u>constante de</u> programme ou une adresse de mot pour la source B. Les entiers signés sont stockés sous la forme complémentaire de deux.

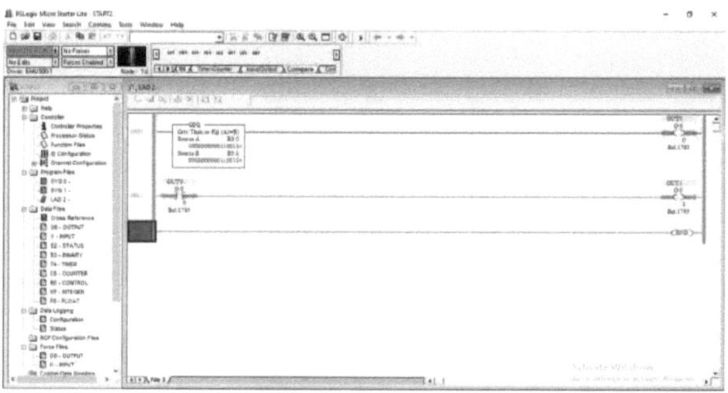

Fig : - 47

GEQ (Comparaison masquée pour égal)

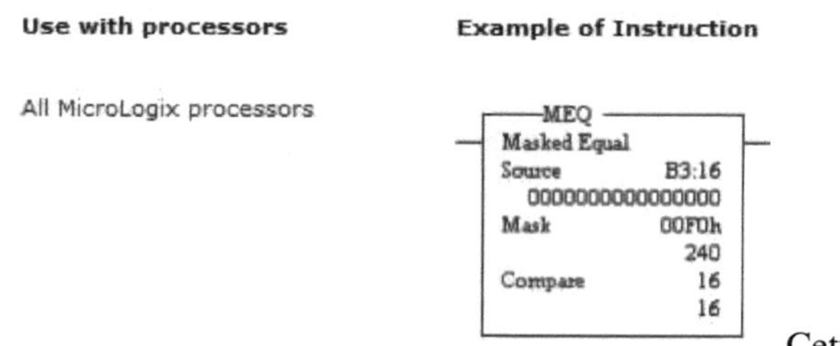

Cette instruction conditionnelle compare les données de 16 bits d'une adresse source à celles de 16 bits d'une adresse de référence à travers un masque. Si les valeurs correspondent, l'instruction est vraie. Cette instruction permet de masquer des parties des données par un mot séparé.

La source est l'adresse de la valeur que vous voulez comparer.

Le masque est l'adresse du masque à travers lequel l'instruction déplace les données. Le masque peut également être une valeur hexadécimale. Vous pouvez entrer la valeur en binaire, en décimal ou en hexadécimal. RSLogix

Micro effectuera toute conversion nécessaire et affichera la valeur hexadécimale. Cliquez sur le lien pour un exemple montrant comment entrer la <u>valeur du masque en</u> utilisant des valeurs hexadécimales, binaires ou décimales.

La comparaison est une valeur entière ou l'adresse de la référence.

Si les 16 bits de données à l'adresse source sont égaux aux 16 bits de données à l'adresse de comparaison (moins les bits masqués), l'instruction est vraie. L'instruction devient fausse dès qu'elle détecte une non-concordance. Les bits du mot de masquage masquent les données lorsqu'ils sont réinitialisés ; ils transmettent les données lorsqu'ils sont définis.

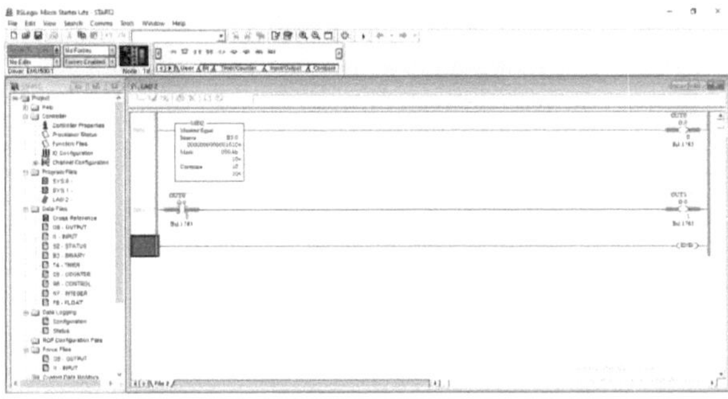

Fig : - 48

LIM (Test de limite)

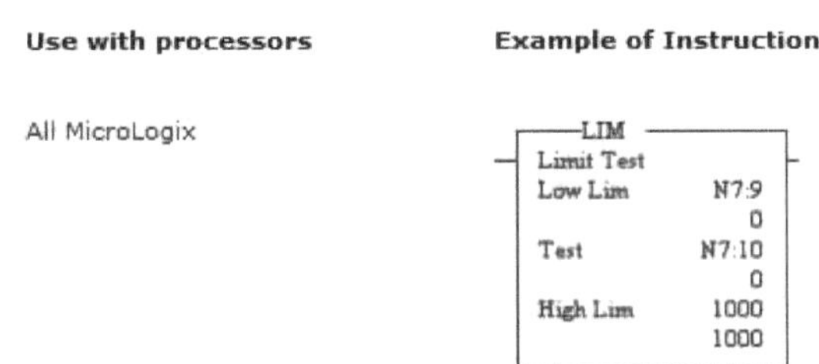

Utilisez l'instruction LIM pour tester les valeurs à l'intérieur ou à l'extérieur d'une plage déterminée, selon la manière dont vous fixez les limites.

Saisie des paramètres :

Selon la façon dont vous définissez le paramètre Test, les paramètres Limite basse et Limite haute peuvent être une adresse de mot ou une <u>constante de</u> programme. Voir ci-dessous.

Test	LowLimit	Limite supérieure
Constant	Adresse en Word	Adresse en Word
Adresse en Word	Adresse constante ou verbale	Adresse constante ou verbale

Vrai/Faux Statut de l'instruction :

Si la limite inférieure a une valeur égale ou inférieure à la limite supérieure, l'instruction est vraie lorsque la valeur du test se situe entre les limites ou est égale à l'une ou l'autre limite. Si la valeur test se situe en dehors des limites, l'instruction est fausse.

Si la limite inférieure a une valeur supérieure à la limite supérieure, l'instruction est fausse lorsque la valeur du test se situe entre les limites. Si la valeur de test est égale à la limite ou en dehors des limites, l'instruction est vraie.

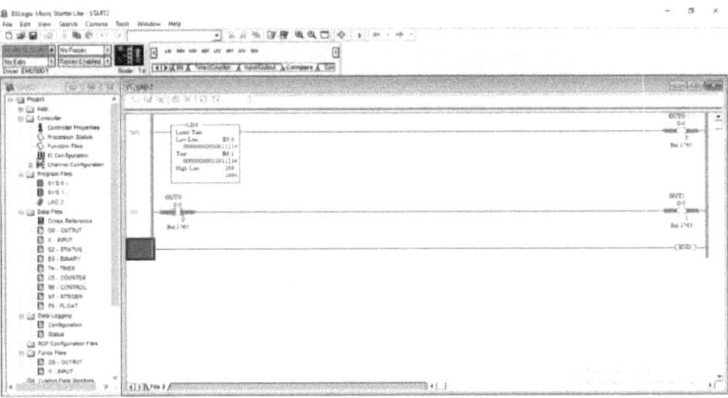

Fig : - 49

<h1 style="text-align:center">Mouvement et instruction logique</h1>

MOV (Déménagement)

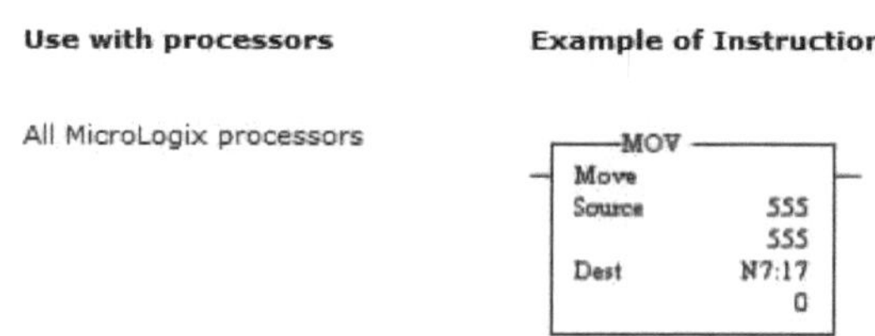

Lorsque les conditions d'échelonnement précédant cette instruction sont vraies, l'instruction MOV déplace une copie de la source vers la destination à chaque balayage. La valeur originale reste intacte et inchangée à l'endroit où se trouve la source.

La source est l'adresse des données que vous voulez déplacer. La source peut être une <u>constante.</u>

La destination est l'adresse qui identifie l'endroit où les données doivent être déplacées.

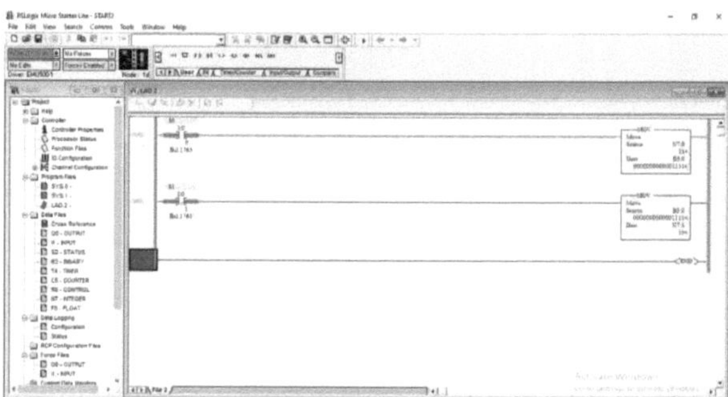

Fig : - 50

ET (Logique et fonctionnement)

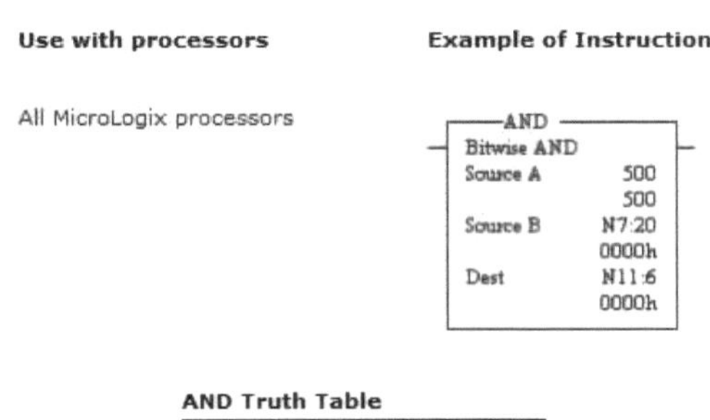

AND Truth Table

SOURCE A	SOURCE B	DEST
0	0	0
0	1	0
1	0	0
1	1	1

Lorsque les conditions de l'échelon sont vraies, les sources A et B de cette instruction de sortie sont mises en ET bit par bit et stockées dans la destination.

Les sources A et B peuvent être soit des adresses de mots, soit des constantes ; cependant, les deux sources ne peuvent pas être une constante. Selon le type de processeur que vous utilisez, vous pouvez utiliser l'adressage indexé ou indirect dans cette instruction.

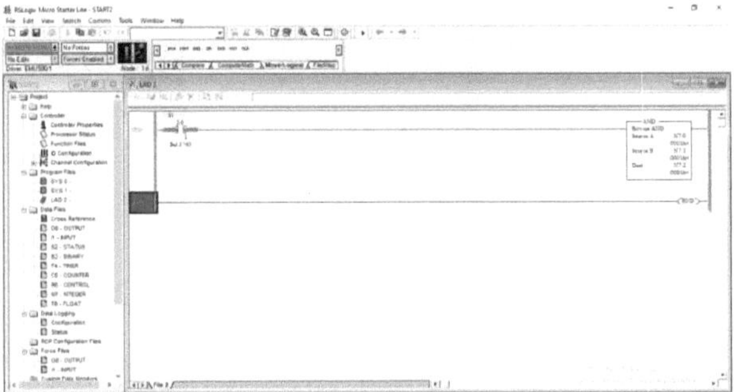

Fig : - 51

OU (opération inclusive OU)

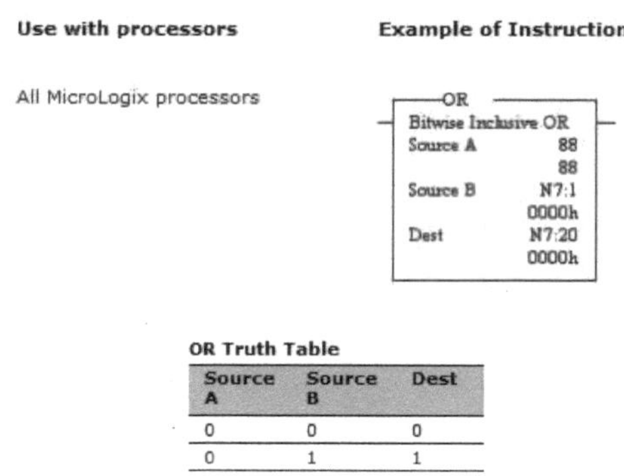

OR Truth Table

Source A	Source B	Dest
0	0	0
0	1	1
1	0	1
1	1	1

Lorsque les conditions de l'échelon sont vraies, les sources A et B de l'instruction OR sont OUées bit par bit et stockées dans la destination. Les sources A et B peuvent être soit des adresses de mots, soit des constantes ; cependant, les deux sources ne peuvent pas être une constante. Vous pouvez entrer une constante ou une adresse de mot pour l'un ou l'autre des paramètres Source. La destination doit être une adresse de mot.

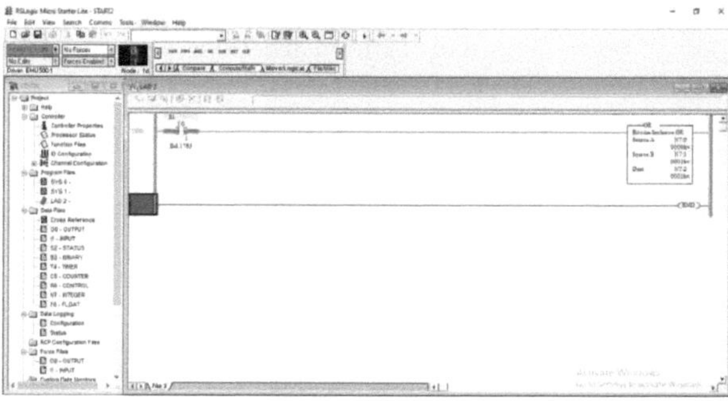

Fig : - 52

XOR (opération exclusive OU)

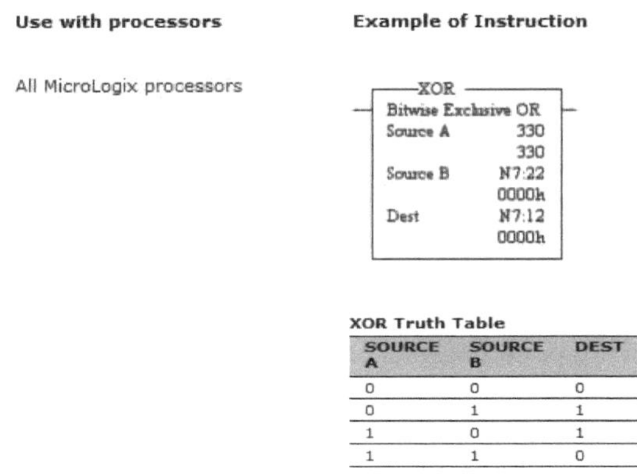

XOR Truth Table

SOURCE A	SOURCE B	DEST
0	0	0
0	1	1
1	0	1
1	1	0

Lorsque les conditions de l'échelon sont vraies, les sources A et B de l'instruction XOR font l'objet d'un OU exclusif bit par bit et sont stockées dans la destination. Les sources A et B peuvent être soit des adresses de mots, soit des constantes ; cependant, les deux sources ne peuvent pas être une constante. Les valeurs en virgule flottante doivent être comprises entre (-102943.7, +102943.7).

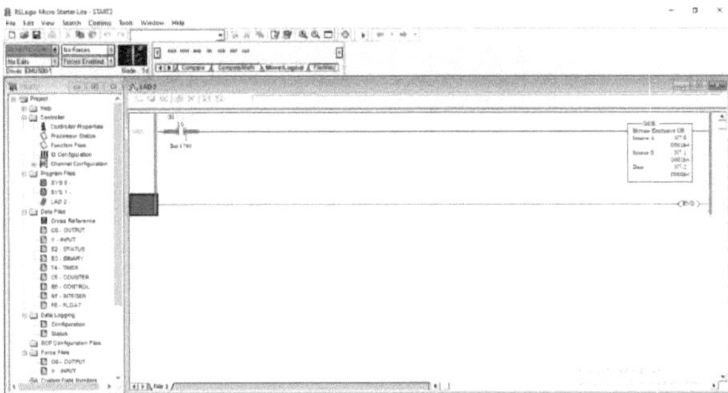

Fig : - 53

NOT (Opération logique NOT)

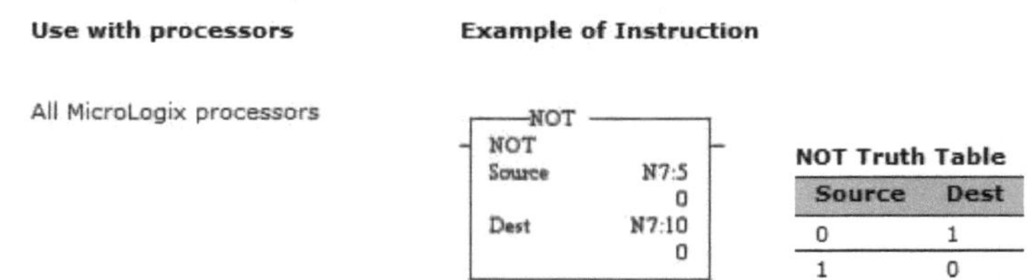

Lorsque les conditions d'échelonnement sont vraies, la source de l'instruction NOT est NOTée bit par bit et stockée dans la destination.

La source et la destination doivent être des adresses de mots.

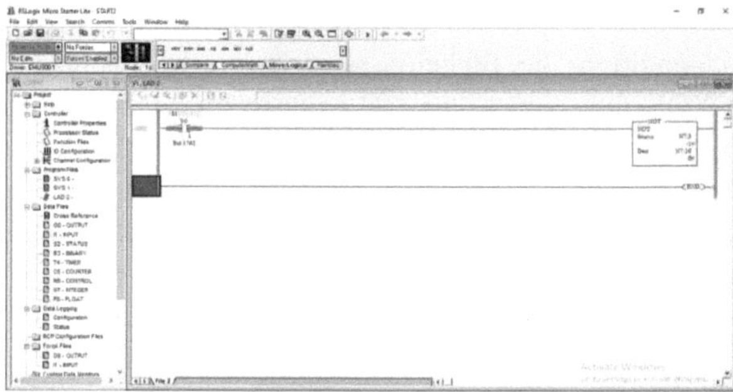

Fig : - 54

AJOUTER

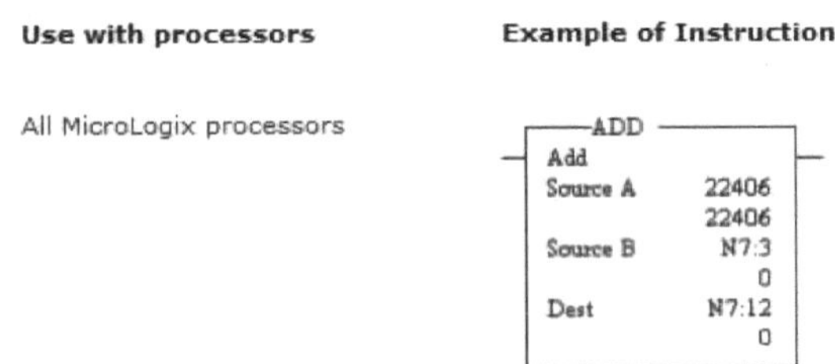

Lorsque les conditions de l'échelon sont vraies, cette instruction de sortie ajoute la source A à la source B et stocke le résultat à l'adresse de destination. La source A et la source B peuvent être des valeurs ou des adresses qui contiennent des valeurs, mais la source A et la source B ne peuvent pas être toutes deux des constantes.

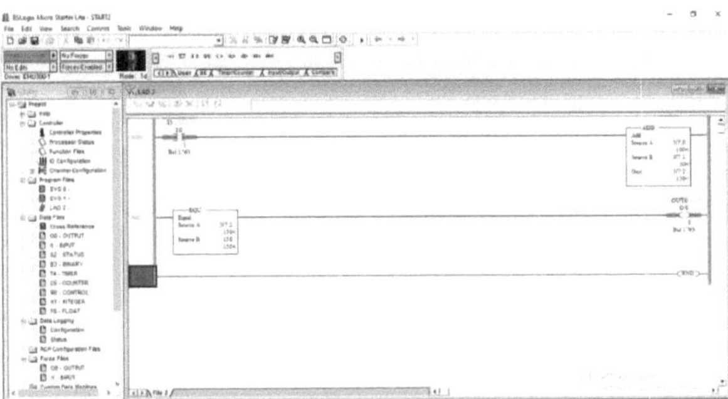

Fig : - 55

SUB (Soustraction)

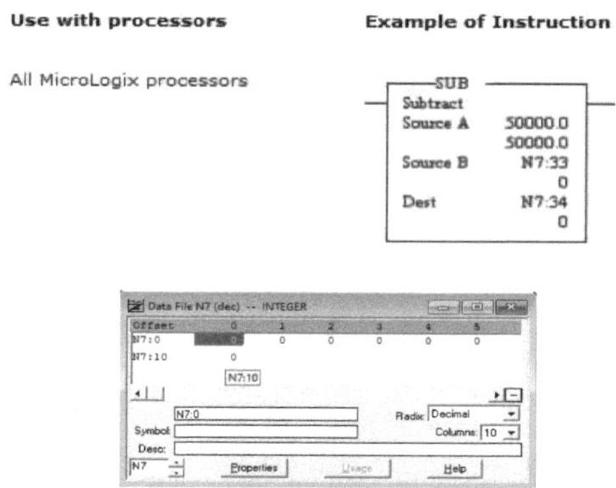

Fig : - 56

Lorsque les conditions d'échelon sont vraies, l'instruction de sortie SUB soustrait la source B de la source A et stocke le résultat dans la destination. La source A et la source B peuvent être soit des valeurs, soit des adresses qui contiennent des valeurs, mais la source A et la source B ne peuvent pas être toutes deux des constantes.

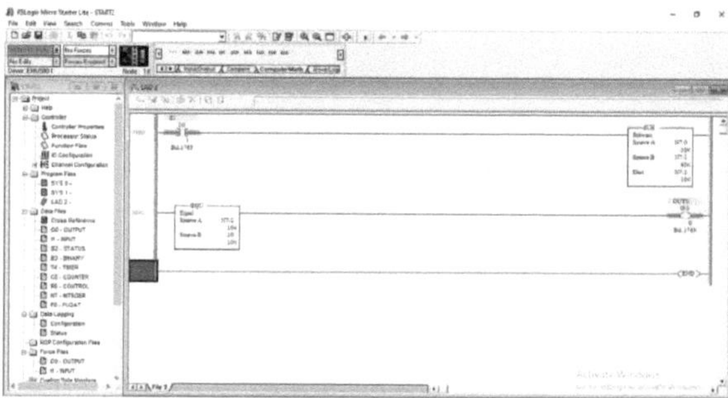

Fig : - 57

MUL (Multiplier)

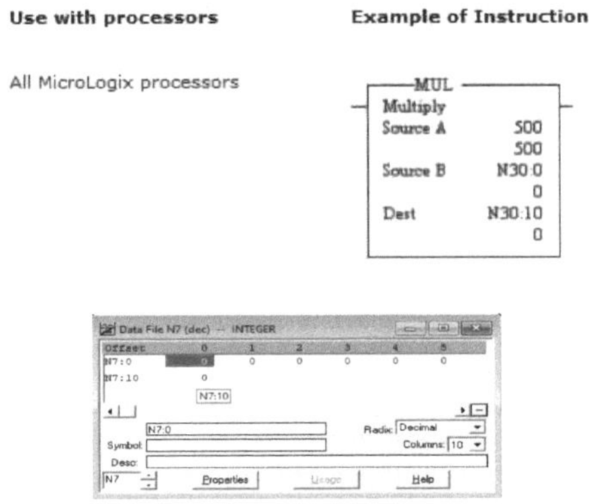

Fig : - 58

Utilisez l'instruction MUL pour multiplier une valeur (source A) par une
autre (source B) et placer le résultat dans la destination. La source A et la
source B peuvent être des valeurs ou des adresses qui contiennent des
valeurs, mais la source A et la source B ne peuvent pas être toutes deux des
constantes.

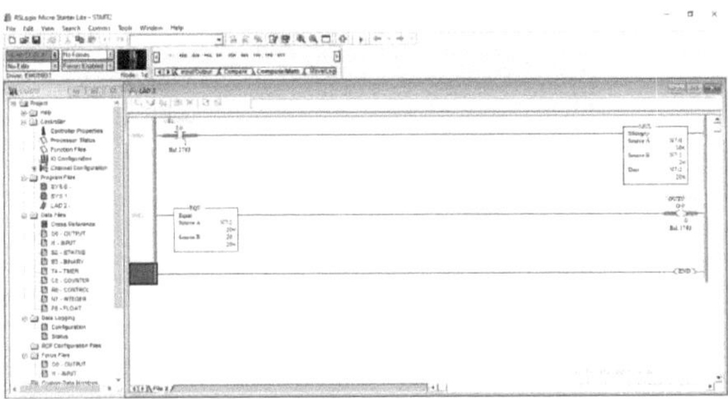

Fig : - 59

DIV (Diviser)

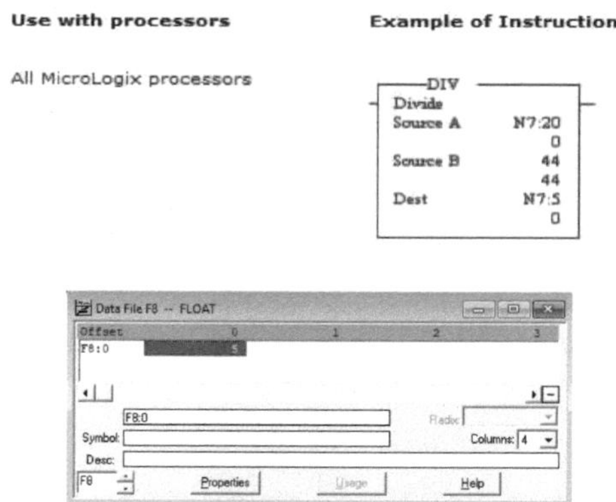

Fig : - 60

Lorsque les conditions de l'échelon sont vraies, cette instruction de sortie divise la source A par la source B et stocke le résultat dans le registre de destination et le registre mathématique. La valeur stockée dans la destination est arrondie. La valeur stockée dans le registre mathématique est constituée du quotient non arrondi (placé dans le mot le plus significatif) et du reste (placé dans le mot le moins significatif).

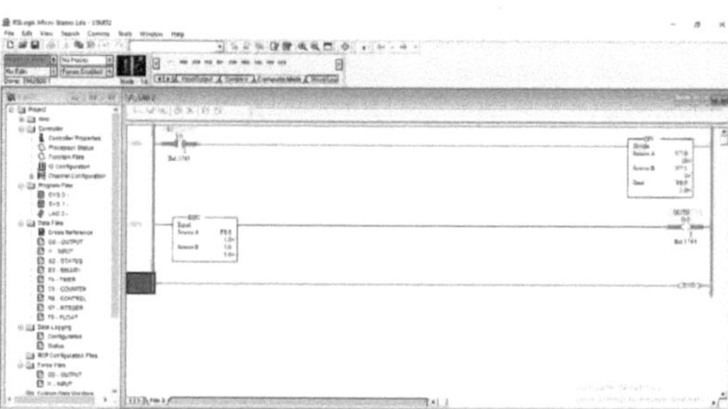

Fig : - 61

NEG (Négatif)

Use with processors **Example of Instruction**

All MicroLogix processors

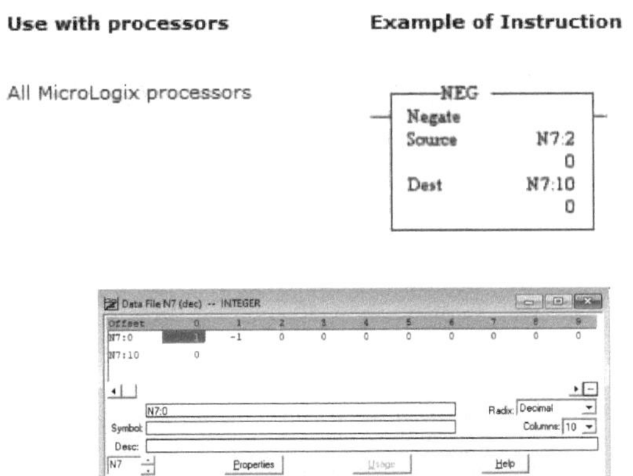

Fig : - 62

Lorsque les conditions de l'échelon sont vraies, l'instruction NEG change le
signe de la source et la place dans la destination. Les paramètres de source
et de destination doivent être des adresses de mots.

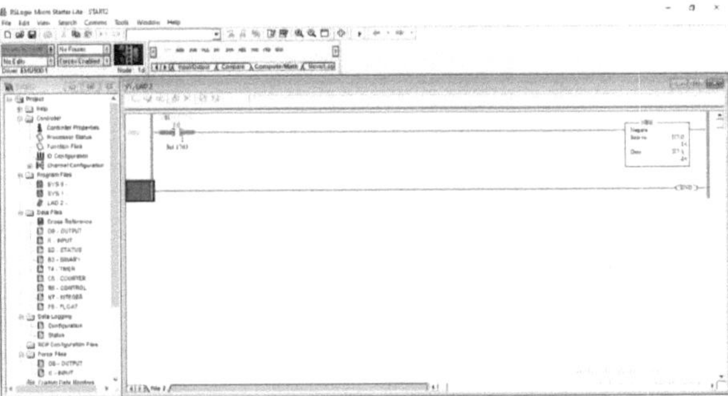

Fig : - 63

CLR (Clair)

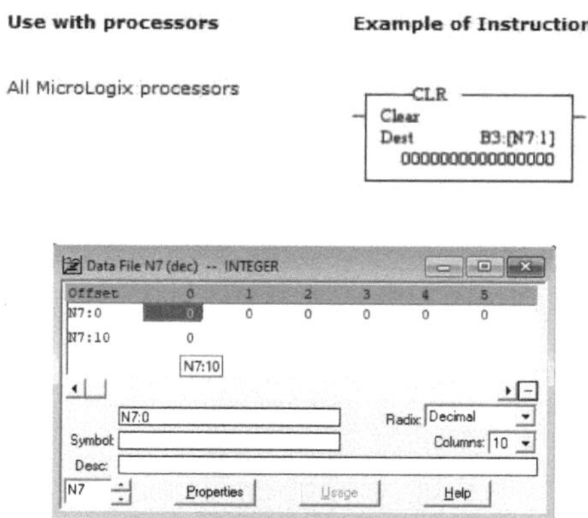

Fig : - 64

Lorsque les conditions de l'échelon sont vraies, cette instruction de sortie met à zéro tous les bits d'un mot. La destination doit être une adresse de mot.

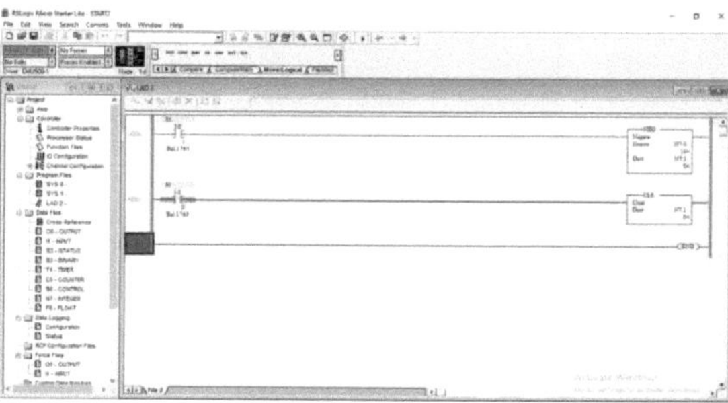

Fig : - 64

TOD (Convertir en BCD)

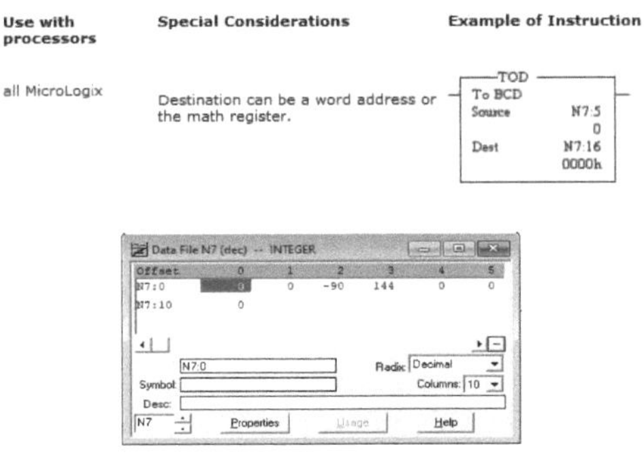

Fig : - 65

Lorsque les conditions de l'échelon sont vraies, cette instruction de sortie convertit une valeur source entière sur 16 bits en BCD et la stocke dans le registre mathématique ou la destination.

Si la valeur entière que vous saisissez est négative, le signe est ignoré et la conversion se fait comme si le nombre était positif. (En d'autres termes, la valeur absolue du nombre est utilisée pour la conversion).

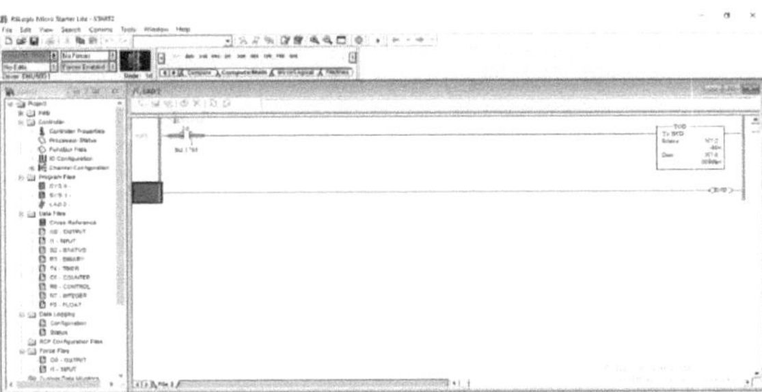

Fig : - 66

FRD (Convertir de BCD en entier)

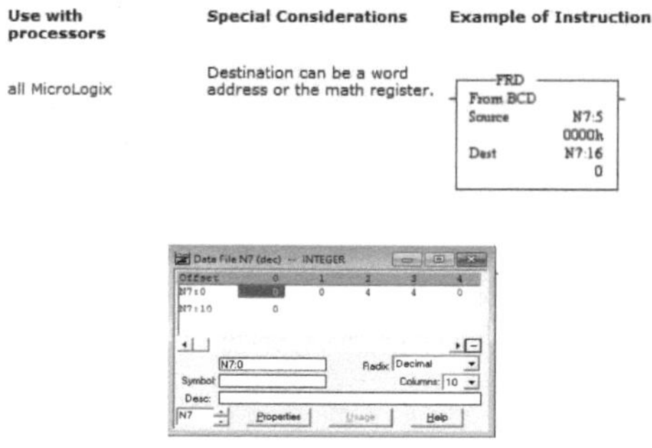

Fig : - 67

Lorsque les conditions de l'échelon sont vraies, cette instruction de sortie convertit une valeur BCD dans le registre mathématique ou la source en un nombre entier et le stocke dans la destination.

Vous devez convertir une valeur BCD en nombre entier avant de manipuler ces valeurs dans le programme en échelle, car le processeur traite les valeurs BCD comme des nombres entiers. Dans le cas contraire, la valeur BCD réelle peut être perdue ou déformée.

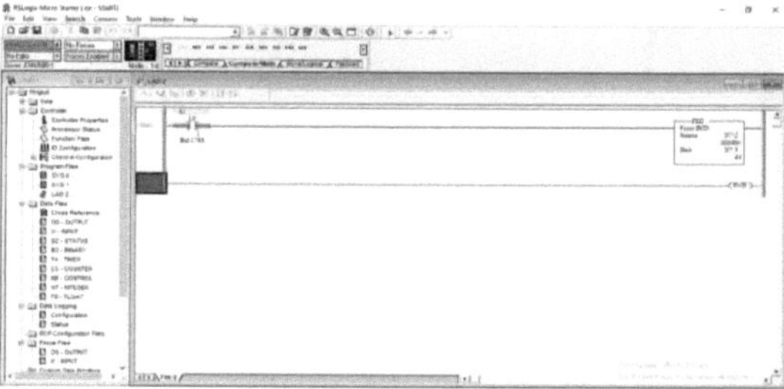

Fig : - 68

DCD (Décodeur 4 à 1 de 16)

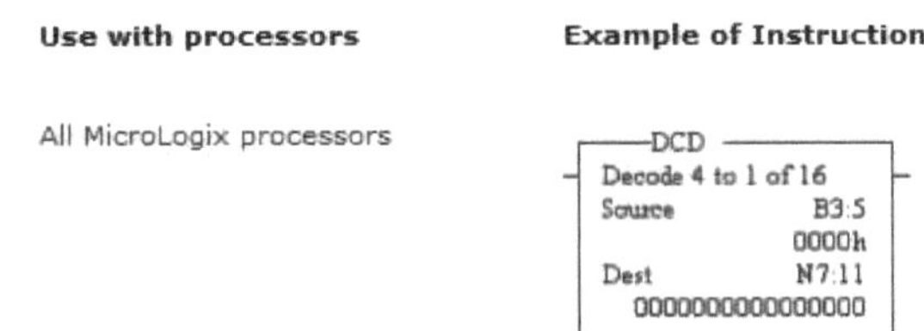

Utilisez cette instruction de sortie pour multiplexer les données pour des applications telles que les commutateurs rotatifs, les claviers, la commutation de banque, etc.

Lorsque les conditions de l'échelon sont vraies, l'instruction DCD décode une valeur de 4 bits (0-16) dans le mot source et active un bit dans le mot de destination qui correspond à la valeur décodée. Par exemple, si les bits 0-3 d'un mot source sont 0110, alors le bit 6 du mot de destination est activé. Le tableau ci-dessous fournit tous les détails.

	Bit 3	Bit 2	Bit 1	Bit 0
0	0	0	0	0
1	0	0	0	1
2	0	0	1	0
3	0	0	1	1
4	0	1	0	0
5	0	1	0	1
6	0	1	1	0
7	0	1	1	1
8	1	0	0	0
9	1	0	0	1
10	1	0	1	0
11	1	0	1	1
12	1	1	0	0
13	1	1	0	1
14	1	1	1	0
15	1	1	1	1

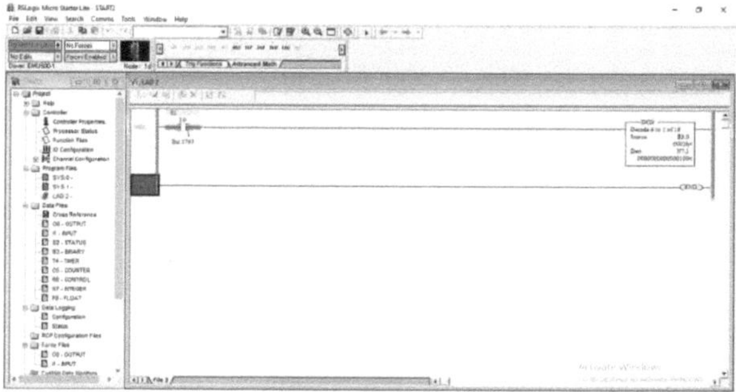

Fig : - 69

Instruction de contrôle

JMP (Jump to Label)

Use with processors

Example of Instruction

All MicroLogix processors

Q2:60
—(JMP)—

(Parameters shown are examples
only, your data will vary.)

Lorsque la condition d'exécution de cette instruction de sortie est vraie, le processeur saute en avant ou en arrière vers l'instruction d'étiquette correspondante (LBL) et reprend l'exécution du programme à l'étiquette. Plus d'une instruction JMP peut sauter à la même étiquette. Le fait de sauter vers l'avant jusqu'à une étiquette permet d'économiser le temps d'analyse du programme en omettant un segment de programme jusqu'à ce que cela soit nécessaire. Le saut vers l'arrière permet au contrôleur d'exécuter des segments de programme de manière répétée.

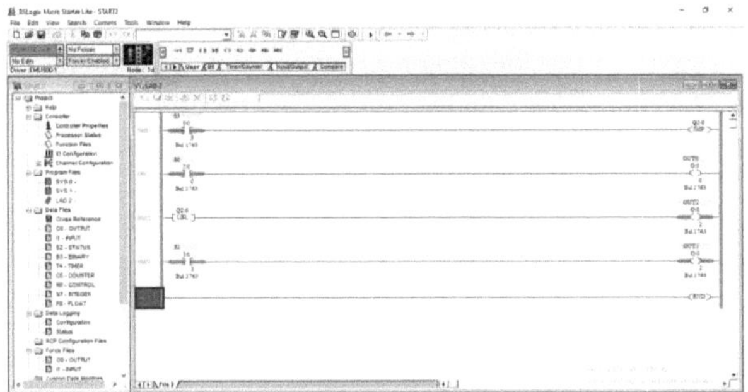

Fig : - 70

LBL (Label)

Use with processors   **Example of Instruction**

All MicroLogix processors

Cette instruction de saisie est la cible de l'instruction JMP ayant le même numéro d'étiquette. Vous devez programmer cette instruction comme la première instruction d'un échelon. Cette instruction n'a pas de bits de contrôle. Elle est toujours évaluée comme vraie ou logique 1.

Vous pouvez programmer plusieurs sauts vers la même étiquette en attribuant le même numéro d'étiquette à plusieurs instructions JMP, mais l'attribution du même numéro d'étiquette à deux ou plusieurs étiquettes entraîne une erreur de temps de compilation.

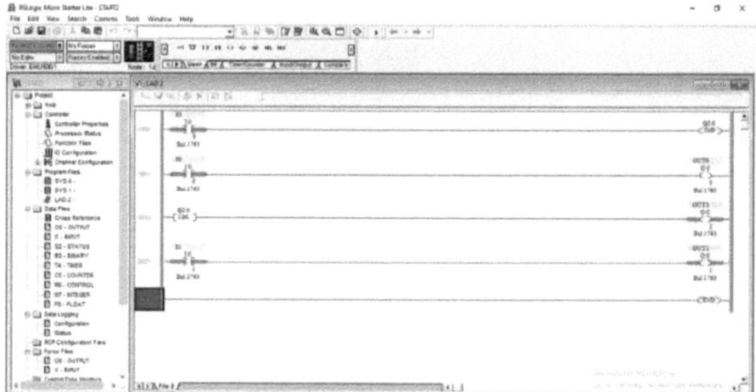

Fig : - 71

JSR (Jump to Subroutine) et SBR (Subroutine)

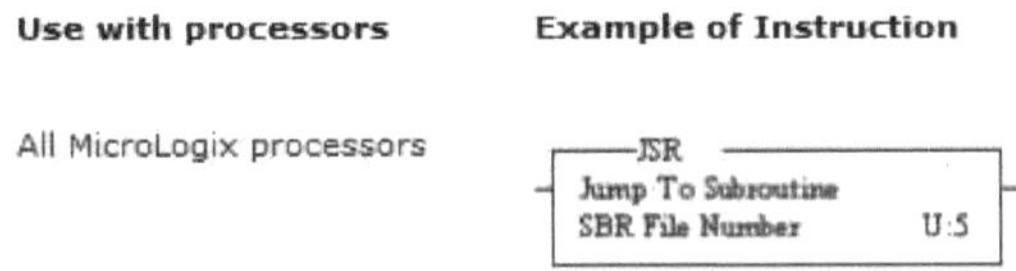

Lorsque les conditions d'exécution sont vraies pour cette instruction de sortie, le processeur saute au fichier de sous-programme ciblé. Vous ne pouvez sauter qu'à la première instruction d'un sous-programme. Chaque sous-programme doit avoir un numéro de fichier unique (décimal, 3-255).

Les sous-programmes imbriqués vous permettent de diriger le flux de programmes du programme principal vers un sous-programme, puis vers un autre sous-programme. Les règles suivantes s'appliquent à l'imbrication des sous-programmes

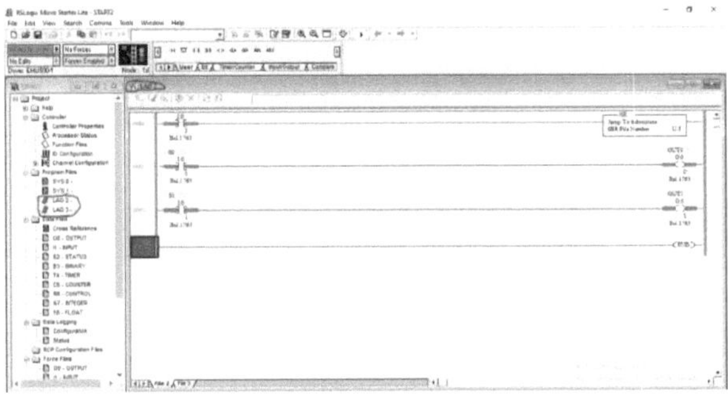

Fig : - 72

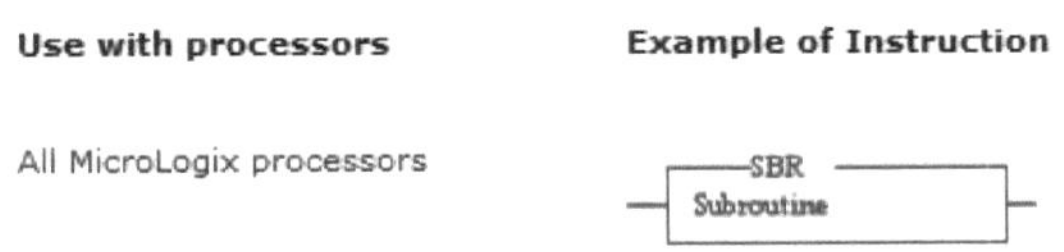

Utilisez un sous-programme pour stocker des sections récurrentes de la logique du programme qui doivent être exécutées à partir de plusieurs

points de votre programme d'application. Un sous-programme permet d'économiser de la mémoire car vous ne le programmez qu'une seule fois.

Mettez à jour les E/S critiques dans les sous-programmes en utilisant des instructions d'entrée et/ou de sortie immédiates (IIM, IOM), en particulier si votre application nécessite des sous-programmes imbriqués ou relativement longs. Sinon, le contrôleur ne met pas à jour les E/S avant d'atteindre la fin du programme principal (après avoir exécuté tous les sous-programmes).

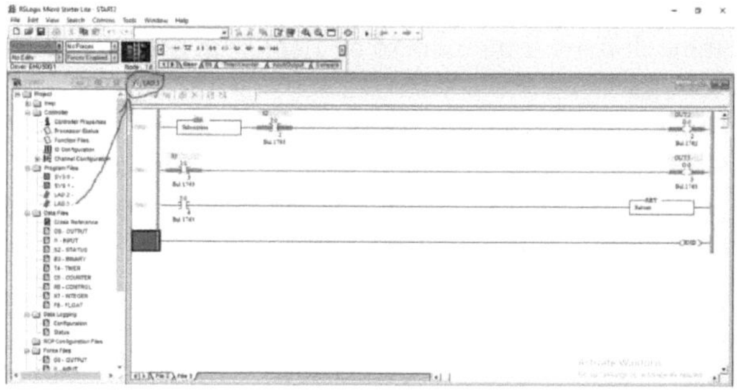

Fig : - 73

MCR (Master Control Reset)

Cette instruction de sortie (parfois appelée "Contrôle de zone") est utilisée pour configurer des zones ou "zones" de votre programme d'échelle où toutes les sorties non retenues peuvent être désactivées en même temps pour la même durée. Elle est utilisée par paire, une MCR pour définir le début de la zone de l'échelle à affecter et une MCR pour définir la fin de la zone.

Une instruction d'entrée est programmée sur l'échelon du premier MCR pour contrôler la continuité logique de l'échelon. Lorsque le barreau devient "faux", toutes les sorties non-rétentives dans la zone contrôlée sont désactivées. Lorsque le signal est "vrai", tous les barreaux sont analysés selon leurs conditions normales (sans tenir compte de l'instruction de contrôle de la zone).

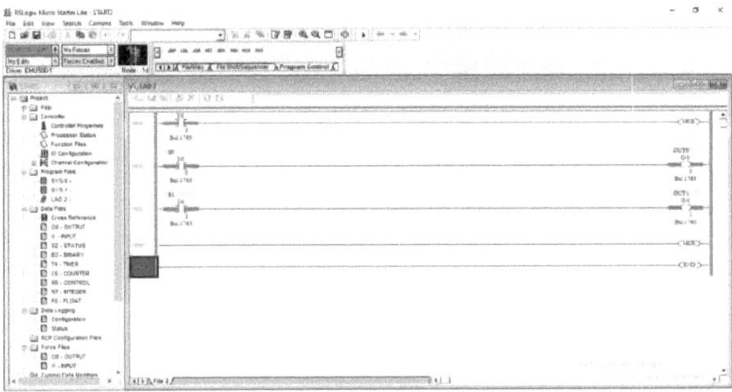

Fig : - 74

TND (Fin temporaire)

Utilisez cette instruction pour déboguer progressivement un programme, ou omettez conditionnellement le reste de votre fichier de programme ou de vos sous-programmes actuels.

Lorsque la logique précédant cette instruction de sortie est vraie, TND arrête le processeur d'analyser le reste du fichier programme, met à jour les E/S et reprend l'analyse à l'échelon 0 du programme principal (fichier 2).

Si l'échelon de cette instruction est faux, le processeur poursuit l'analyse jusqu'à la prochaine instruction TND ou l'instruction END.

L'utilisation de cette instruction dans un sous-programme imbriqué met fin
à l'exécution de tous les sous-programmes imbriqués.

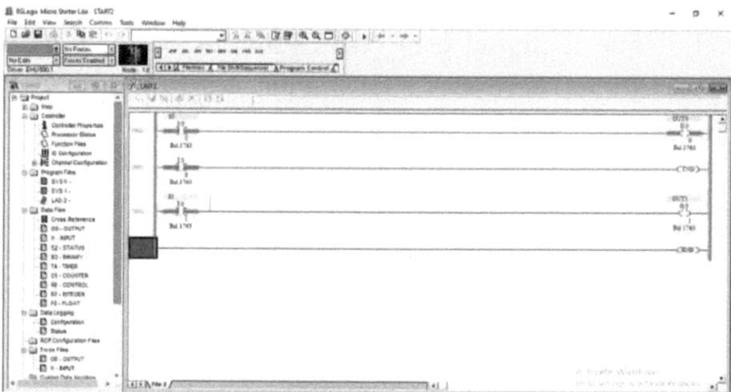

Fig : - 75

Avantages du PLC

- Flexible par nature : Un modèle de PLC peut être utilisé pour différentes opérations selon les besoins.
- Facile à installer et à dépanner : Dans les systèmes à relais câblés, le temps d'installation est plus long que pour les panneaux de contrôle à base de PLC.
- Disponibilité des grands contacts : Les outils de programmation des automates contiennent un grand nombre de contacts internes qui peuvent être utilisés pour tout changement induit dans différentes applications.
- Rentabilité : La technologie de pointe et la production importante de PLC en font un système moins cher que les autres systèmes basés sur des commandes ou des relais.
- Fonction de simulation : Le logiciel de programmation PLC est livré par défaut avec les fonctions de simulation.
- Des méthodes de programmation simples : L'API est fourni avec des méthodes de programmation simples pour programmer l'API comme une programmation de type Ladder ou booléen.
- Facilité d'entretien : Par rapport aux systèmes de contrôle tels que les systèmes à base de relais ou de microcontrôleurs, le coût de maintenance des PLC est faible.

- Documentation : Le programmeur peut programmer et imprimer facilement les programmes de l'API pour une utilisation ultérieure.

Candidature

- Il est utilisé dans des applications civiles telles que la machine à laver, le fonctionnement des ascenseurs et le contrôle des feux de circulation.
- Il est utilisé dans l'aérospatiale pour le système d'extinction des réservoirs d'eau.
- Il est utilisé pour réduire l'allocation de contrôle humain de la séquence humaine donnée aux équipements techniques qui est appelée **Automation**.
- Il est utilisé dans les procédés discontinus dans les industries chimique, du ciment, alimentaire et du papier sont de nature séquentielle, nécessitant des décisions basées sur le temps ou les événements.
- Il est utilisé dans le système de gestion des brûleurs pour contrôler le processus de purge, l'extinction de la veilleuse, les contrôles de sécurité de la flamme, l'extinction du brûleur principal et la commutation des vannes pour le changement de combustible.
- Il est utilisé dans l'industrie de l'imprimerie pour le système de lavage de l'écran en plusieurs étapes et le système de contrôle du registre d'impression des presses offset à bobines.
- Il est utilisé dans l'industrie du voyage pour le fonctionnement des escaliers mécaniques, système de contrôle de sécurité surveillé.

PLC MAINTENANCE

L'entretien et la maintenance préventive d'un PLC comprennent les éléments suivants :

1. Vérifiez périodiquement le serrage de la vis de la borne du module d'entrée/sortie. Elles se desserrent au fil du temps.
2. Vérifiez périodiquement la corrosion des bornes de connexion. L'humidité et les atmosphères corrosives peuvent être à l'origine de mauvais composants électriques.
3. Assurez-vous que les composants sont exempts de poussière.
4. Stock de pièces de rechange couramment nécessaires. Les modules d'entrée et de sortie sont les composants de l'automate qui tombent le plus souvent en panne. Le stockage est particulièrement essentiel s'il n'existe pas de station-service et de dépôt de pièces détachées du fabricant.
5. Conservez un double du programme d'exploitation utilisé. Ces enregistrements doivent être conservés dans un endroit de l'usine éloigné de la zone opérationnelle de l'automate.
6. Remplacez les batteries de secours des PLC plus souvent que ne l'indique leur durée de vie utile. Le coût des batteries est un petit prix à payer pour éviter la perte d'un long programme d'automate.
7. Tenez un journal de bord sur la maintenance de chaque automate en plus de la fiche de contrôle. Il faut tenir des registres sur le quoi, le qui et le quand.

Références

- https://www.sanfoundry.com/best-reference-books-plcs-industrial-automation/

- https://www.academia.edu/Documents/in/PLC

- https://www.academia.edu/40258797/DEVELOPMENT_OF_AUTOMATIC_SORTING_CONVEYOR_BELT_USING_PLC

- https://www.academia.edu/40250056/Automatic_Water_Storage_and_Distribution_System_using_Reliance_SCADA

- https://www.academia.edu/40217642/DEVELOPMENT_OF_AN_AUTOMATIC_MONITORING_AND_CONTROL_SYSTEM_FOR_THE_OBJECTS_ON_THE_CONVEYOR_BELT

- http://ijsrcseit.com/CSEIT1846141

- Menasha Sharma, Pallavi Varma, Lini Mathew "Design an intelligent controller for a process control system" Proceeding of IEEE on Process Control Theory Applications vol. 150. Août 2015.

- MK. Tan Y.K. Chin H.J. Tham "Genetic Algorithm Based PID Optimization in Batch Process Control" Actes de la conférence internationale sur les applications informatiques et l'électronique industrielle. Déc. 2011.

- YogendarNarayan,Dr. Smriti srivatsav "Response of Flow Rate of Non-interacting Tanks Using NCS and Fuzzy Controller" Feb 2014.

- Rishabh D., Sayantan D., Anusree S., Kaushik S. "Automation of Tank Level Using Plc and Establishment of HMI by SCADA", IOSR Journal of Electrical and Electronics Engineering (IOSRJEEE) Vol. 7, Aug. 2014

- ShiwenTong,YushanLi,Junje Ren PID control of air tank temperature system with parameters tuning through network", IEEE Controller system magazine. Août 2015.

- Mostafa.A. Fellani, Aboubaker M. Gabaj "PID Controller design for two Tanks liquid level Control System using Mat lab" International Journal of Application or Innovation in Engineering & Management (IJAIEM), vol 4, numéro 5. Mai 2015.

- Wen-wen Cai, Li-xinJia, Yan-bin Zhang , Nan Ni, "Design and simulation of intelligent PID controller", Proceedings of IEEE International Conference on Electrical Engineering, China, Vol. 48, September 2012.

- Chengli Su, Yun Wu, "Adaptive Neural Network Predictive Control Based on PSO Algorithm", Actes de la conférence internationale de l'IEEE sur l'ingénierie des systèmes de contrôle, Chine, novembre 2011.

- S. J. Bassi, M. K. Mishra et E. E.Omizegba, "Automatic Tuning of Proportional-Integral- Derivative (PID) Controller Using Particle Swarm Optimization (PSO) Algorithm", Proceedings of International Journal of Artificial Intelligence & Applications, octobre 2013.

- Pooja Panchal, Alpesh Patel, Jayesh Brave "PI Control of Level Control System using PLC and LabVIEW based SCADA" Procédures de l'IEEE sur les applications de la théorie du contrôle de processus. JUIN 2016.